Whisky

STRONG SPIRITS

Whisky
STRONG SPIRITS

威士忌

［英］戴夫·布鲁姆 著

何祺桢 译

华中科技大学出版社
http://www.hustp.com

有书至美
BOOK & BEAUTY

中国·武汉

图书在版编目（CIP）数据

威士忌 / (英) 戴夫·布鲁姆 (Dave Broom) 著；
何祺桢译. -- 武汉：华中科技大学出版社，2021.7
（浓情烈酒）
ISBN 978-7-5680-7055-3

I. ①威… Ⅱ. ①戴… ②何… Ⅲ. ①威士忌酒 - 介
绍 - 世界 Ⅳ. ①TS262.3

中国版本图书馆CIP数据核字(2021)第096123号

Whisky: The Manual by Dave Broom
Copyright© Octopus Publishing Group Ltd 2014
Text copyright© Dave Broom 2014
Specially commissioned photography by Cristian Barnett.
Dave Broom asserts the moral right to be identified as the author of
This work.
First published in Great Britain in 2014 under the title
Whisky: The Manual
by Mitchell Beazley, an imprint of Octopus Publishing Group
Ltd., Carmelite House, 50 Victoria Embankment, London EC4Y ODZ
Chinese Simplified Character Translation Copyright © 2021 Huazhong
University of Science & Technology Press Co., Ltd.
All rights reserved.

简体中文版由Mitchell Beazley, an imprint of Octopus Publishing
Group Ltd., 授权华中科技大学出版社有限责任公司在中华人民共和国境内
（但不含香港特别行政区、澳门特别行政区和台湾地区）出版、发行。

湖北省版权局著作权合同登记图字：17-2020-260

威士忌
Weishiji

[英] 戴夫·布鲁姆 著
何祺桢 译

出版发行：华中科技大学出版社（中国·武汉）
电话：(027) 81321913
北京有书至美文化传媒有限公司
电话：(010) 67326910-6023
出版人：阮海洪

责任编辑：莽昱 舒冉
责任监印：徐露 郑红红
内文排版：北京博逸文化传播有限公司
封面设计：张旭兴
制作：北京博逸文化传播有限公司
印刷：北京汇瑞嘉合文化发展有限公司
开本：720mm × 1020mm 1/16
印张：14
字数：110千字
版次：2021年7月第1版第1次印刷
定价：128.00元

目录

引言

　　这本书的内容很简单——如何饮用威士忌。稍稍具体一点来说，本书讲述的是几个世纪以来，人们享用这种烈酒的方式；同时，在你下次路过卖酒的货柜，或是看着吧台后令人眼花缭乱的酒架时，书中的内容也会教你如何获得最大的乐趣。你会想，喝酒真的很简单。打开瓶子，把酒倒进玻璃杯……对了，举杯的时候别忘了张嘴。确实如此，但也不尽然。

流言四起

　　长久以来，人们都在净饮威士忌，但当这种烈酒成为流行的时候，它就有了各种各样的喝法：与软饮混合长饮，做成托蒂（Toddy）、茱莉普（Julep）、司令（Sling）酒，或是作为潘趣酒（Punch）、鸡尾酒和高球（Highball）的基酒，花样繁多。就在我写这本书的时候，各式各样的威士忌在世界各地都受到了前所未有的追捧。猜猜看，发生了什么？在那些新近为威士忌的魅力所折服的地方，人们更喜欢用它制作混合饮品。只有在那些所谓的成熟市场，才坚守着"威士忌必须净饮"、还要板着张脸的那份执着，虽然这也是最近才形成的概念。

　　饮用威士忌的诸多规矩、何时何地、多大年龄、是男是女，其实都只是近年来兴起的流言。这些说法应该被一扫而空，因为当你仔细斟酌，会发现它们都是负面的。没有一个字在鼓励大家走进威士忌的世界，相反，每一条流言都有可能将人们拒之门外。即便我不是市场营销专家，但我认为这

世界各地的人们，都在探索享用威士忌的新方法。

些说法不是推销自己的好方式。

等一下，你也许会想，"你不是说威士忌已经流行起来了吗？"的确如此，但这一轮热潮其实发生在那些不在乎这些流言的地方。另外，如果你将威士忌的消费量与伏特加对比，一定能发现还有许多潜在的威士忌爱好者还在门外徘徊。

威士忌并不是精英专属的饮品，它是为了每一个人而生的。这种伟大的烈酒引人入胜、层次复杂、历史悠久，但归根结底，它也不过是一种饮品而已。威士忌本身无法为这些流言做什么解释，这也是它至今尚未全面普及的原因之一。所以，现在轮到我们锁定目标，将这些流言各个击破了。

流言之一：威士忌早就过时了

你应该能够想象这样的画面：一群穿着老式花呢西装的中年男人坐在扶手椅上，也许有几位还穿着苏格兰方格裙，在传统毛皮袋里挑挑拣拣，手边的水晶古典酒杯里盛着色泽金黄的烈酒。他们几乎静默不语，偶尔低声交谈，内容无外乎麦芽和泥煤，还时不时瞪几眼身后那些享受着时髦鸡尾酒的、吵闹的年轻人。这也许是大多数人对威士忌的印象。威士忌的世界就像是一个用高档皮制扶手椅围成的圆圈，背对着整个世界，将"野蛮人"排斥在外——过时、守旧、冷漠、傲慢。人们对波本（Bourbon）威士忌的印象也大抵如此，只是画面中没有苏格兰人别具特色的民族服饰罢了。

20世纪70年代，在英国、美国和日本，苏格兰威士忌和波本威士忌的热度衰退，导致它们在两代人眼中都变成了一种"神秘"的存在。由于欠缺推广方面的投入，人们眼中的威士忌从来没有跟上过时代，一直处在云里雾里。

想要知道这种印象错得多离谱，只要看看世界其他地方的酒吧和餐厅就可以了。在圣保罗或墨西哥城，人们消费威士忌的方式可一点都不老派。如果你对台北、上海或莫斯科的年轻人说"威士忌是爷爷辈的饮品"，他们也许会认为你疯了。过时的并不是威士忌本身，而是我们对它的态度。

流言之二：威士忌是老男人的饮品

让我们回到上文想象中的那家酒吧。一位女士款款而来，点了一杯威士忌，那群穿着花呢服饰的老家伙们登时震惊不已，从扶手椅上跳起来。

如果你胆敢在威士忌调配大师柯尔斯廷·坎贝尔（Kirsteen Campbell）面前说"女性不能享用威士忌"，那你最好还有一双不错的跑鞋；准备随时开溜。

"女人！识相点！"一位老绅士气急败坏地叫道。

"别这么粗鲁"，另一位的语气要和善得多，"亲爱的，这种酒太烈了，咱们要不要来点更温和的？"他轻轻拍了下女士的头发，朝酒吧男侍眨眨眼，微笑着说："请给她来一杯白葡萄酒，我请客。"

这些绅士总是认为威士忌太烈，让"漂亮的女孩"无福消受——但这种日子早就过去了。市场上还出现了一些"粉红威士忌"，或是甜蜜清淡的"女士威士忌"之流的营销手段，但它们也同样令人尴尬。除了自以为是，这些推广方式仍旧暗示女性难以接受纯粹的威士忌，而这绝不是事实。

放眼世界，每一个新兴市场中，享用威士忌的女性和男性几乎一样多。事实上，威士忌主要产区的女性调配大师也比比皆是。如果你胆敢对帝亚吉欧（Diageo）的莫琳·鲁宾逊（Maureen Robinson）和卡罗琳·马丁（Caroline Martin）、波摩公司（Morrison Bowmore）的蕾切尔·巴里（Rachel Barrie）、帝王威士忌（Dewar's）的斯蒂芬妮·麦克劳德（Stephanie MacLeod）和麦卡伦（Macallan）的柯尔斯廷·坎贝尔说威士忌专属于男性，那你最好再准备一双不错的跑鞋，准备随时开溜。

在所有的木桶陈酿烈酒中，威士忌的风格和口味最为广泛，它充满了变化和惊喜，是属于每个人的快乐。

流言之三：威士忌必须净饮

这是我的亲身经历。我在格拉斯哥乘坐出租车时，跟司机聊起了天，他得知我是威士忌作家后，与我谈起他最近的一次酿酒厂之行。"我一直都很讨厌威士忌，它实在是太辣了！不过你知道吗？在参观酒厂之后，他们允许我往威士忌里加一点点水，那感觉真棒！"

这个苏格兰本地人大概50多岁，也就是说，在大约36年的"酒龄"中，人们一直告诉他向威士忌里加水是错的，这让他一直不怎么喜欢这种烈酒。又有多少人一直接受着这样的信息，尝试净饮之后就再也没有碰过威士忌？大概数以百万计。

这绝对不是个例。我还参与过一次广告行业精英的聚餐，问他们是否要在威士忌里加一点水，但他们都有点错愕。其中一人还问道："可以这么做？""当然了！"我答道。

于是他们试了试，脸上泛起微笑，又喝了一杯，然后是一杯接着一杯。过了一会儿，有个人对我说："我喝威士忌这么多年了，从没有人告诉我可以在里面加水。"

这几位德高望重、学识渊博的绅士，多年来喝过不少威士忌，却从未真正从中得到享受，因为没有人告诉他们：水不是敌人，而是威士忌的搭档挚友。

少量加水不仅可以充分释放威士忌的香气，更能消解酒精的烧灼感，让风味更柔和地在口中铺陈开来。如果我们的目标是让更多人尝试威士忌，那为什么要将所有人困在"痛苦高于乐趣"的观念中呢？你不仅可以在威士忌中加水长饮，也大可尝试搭配苏打水、干姜水、乃至绿茶或椰子水，或干脆做一杯华丽的鸡尾酒。让人发自内心地微笑，才是对威士忌丰富风味的最好诠释。

流言之四：威士忌是餐后酒

让我们再次回到上文的虚构酒吧，这里就像诗人诺曼·麦凯格（Norman Maccaig）的名句形容的那样，这里"闪烁着威士忌酒杯的萤火"。晚餐用罢，维多利亚时代的绅士们该喝点小酒、抽几口雪茄放松一下了，女士们也有着自己的一套方法，比如来点鸦片酊。但在今天，这些都已经成为历史。

有关酒后驾车的法规和餐厅对餐后酒的回避态度，让这种理想的威士忌饮酒习惯告别了舞台。这是一个巨大的遗憾，因为在餐后小口啜饮烈酒，不仅有助消化，更能让人打开话匣子。多年以来，人们一直将威士忌视为餐后酒，而当这样的场合不再流行，大家似乎又失去了一种享用威士忌的理由。

这样看来，前人的习惯至今仍然有可取之处。女士们、先生们，下面请允许我隆重介绍一款完美的开胃酒——高球鸡尾酒。如果谁要说这种用泥煤威士忌混合碳酸饮料的冰凉饮品不够清爽，比不上意大利灰皮诺（Point Grigio）葡萄酒，我会第一个站出来反对。如果你还想要别的选择，后面还记载了500种。

流言之五：调和威士忌不如麦芽威士忌

调和威士忌在成熟市场的没落，是威士忌作为开胃酒受到冷落的重要原因之一。除此之外，许多人还抱有一种"麦芽威士忌好，调和威士忌差"的刻板印象。他们认为调和威士忌是劣等的、冲淡了威士忌的个性、口味粗糙廉价、"不够正宗"。

然而，新兴威士忌市场的成长并不是由麦芽威士忌带动的。对于巴西、墨西哥、俄罗斯、南非、中国和越南的大多消费者来说，他们喜爱的"威士忌"与调和威士忌画上了等号。

我们的确不能把调和威士忌与麦芽威士忌混为一谈。但如果没有调和威士忌，所有优秀的单一麦芽威士忌酿酒厂都将不复存在。如果仅仅依靠105家独立单麦威士忌酿酒厂的有限产量，苏格兰也不可能成为全球顶尖的威士忌产地。

调和威士忌与麦芽威士忌是不同的。这些由麦芽威士忌和谷物威士忌调和而成的产品向来因势利导，根据不同的消费者、不同的享用方式及场合产生变化。与此同时，风味也是调和威士忌的重要因素。在调和威士忌出现之前的19世纪50年代，由于不同的单一麦芽威士忌个性过于鲜明，整个苏格兰的威士忌行业出现了危机。将这些不同的产品调和在一起，不仅保留了威士忌复杂的一面，最终的风味也更为大众所接受。这下就水落石出了：一提到大众市场、广受欢迎这样的词汇，就会有人站出来泼冷水，不是吗？

流言之六：苏格兰威士忌是最好的

一直以来，苏格兰威士忌确实是威士忌家族中最大的品类，但"苏格兰自然而然能够生产最好的威士忌"则是绝对错误的说法。苏格兰是优质威士忌的产区之一，但也不要忽视近些年来复兴的爱尔兰威士忌，它们的口感丰润，风格华丽，适口且充满魅力。与此同时，日本威士忌的历史虽然不足百年，但它们以精良的品质和复杂的层次成为市场的新宠。或者，我们将视野转向北美，波本、黑麦威士忌和加拿大威士忌，同样也是一个激动人心的广阔世界。

威尔士、英格兰、澳大利亚、印度、法国、瑞典、中国，以及刚刚掀起手工蒸馏革命的美国，有无数来自非传统产区的优秀威士忌走入了我们的视野。试想，如果威士忌的世界已经是一潭死水，为何世界各地还会有如此多怀揣梦想的人们，先后建起无数酿酒厂，只为生产这种"不会有人购买"的烈酒？是时候重新想想了——威士忌已经归来，现在唯一的规则就是：好好享受！

近几十年，日本威士忌在各大国际赛事中所向披靡。

历史

　　本书的主要内容是如何享受威士忌。因此，这一部分将会集中讲述几个世纪以来，人们消费这种烈酒的方式。在威士忌诞生的地方，它究竟是怎样在人们的生活、心灵和文化中占据了一席之地呢？

苏格兰与爱尔兰：1200—1745年

那么，"始作俑者"是谁？第一个想到用蒸馏器煮啤酒的是什么人？苏格兰作家尼尔·M. 冈恩（Neil M. Gunn）认为他是个凯尔特萨满；还有些观点认为他是一名神职人员；另外的人则坚信这个"发明家"是一位炼金术士。咱们从这些观点开始，再将猜测范围扩大到江湖骗子、魔术师、"蛇油"推销员，或是最早的化学家、知识的探求者、神秘学家、追求真理的勇士？关于蒸馏的探索始于古代波斯，可以追溯到炼金术士贾比尔（Jabir，721—815年）、哲学家肯迪（al-Kindi，801—873年）和医学家拉齐（Rhazes，865—925年）的时代，但这些源头为何又与凯尔特人有关？

这要从1144年西班牙的塞哥维亚谈起，切斯特的罗伯特（Robert of Chester）在那里将这些古人的著作翻译成了拉丁文。炼金术先驱迈克尔·斯科尔（Michael Scot，1175年左右在苏格兰边境出生，约1236年于意大利亡故）在托莱多修习了阿拉伯语，而后辗转到意大利萨勒诺，成为腓特烈大帝的宫廷占星家。斯科特也翻译了许多著作，例如拉齐的炼金术代表作《光之书》（*Liber Luminis Luminum*），其中就有关于蒸馏的内容。

尽管但丁（Dante）《神曲》中的《地狱篇》一笔带过了第一位苏格兰蒸馏师的生平，更多人则认为首位尝试蒸馏啤酒的是个凯尔特人。事实并非如此。对于不列颠境内蒸馏啤酒的首个记录，其实出自乔叟（Chaucer）的《坎特伯雷故事集》（*The Canterbury Tales*，1378—1400年）。在"教士跟班的故事"（The Canon's Yeoman's Tale）一章中，叙述者揭露了炼金术的秘密：他的主人"精灵般的技艺"。这段文字描述了蒸馏器和热力，有非常复杂的配料和工艺，包括"酒石奶油、明矾玻璃制品、贝母、麦芽汁……"——这就是我们说的"蒸馏啤酒"。

又一个世纪过去了，然而奇怪的是，苏格兰蒸馏谷物的历史仍然无从考据。然后才有了历史上最著名（也是最低调）的苏格兰人——约翰·柯尔（John Cor）修道士。他的名字出

蒸馏的技术始于炼金术的研究。

博伊斯花园"生命之水"

我决定制作一种现代的"生命之水",致敬博伊斯的古老饮品。尽管这位历史学家并未说明它的配方,但对于中世纪苏格兰园艺的研究为我们提供了一些线索。我和调酒师瑞安·切蒂亚瓦德纳(Ryan Chetiyawardana)合作,试着按其中的一些配方用旋转蒸发仪器来蒸馏制作,但结果并不尽人意。

然而我们没有放弃,开始尝试不同的植物配方,例如牛至、罗勒、薰衣草、鼠尾草和迷迭香等等。我们将这些植物加入新酿的酒液,然后真空低温慢煮。虽然这两种方法都是在博伊斯的时代之后发明的,但我们需要这么做。最终我们得到了一种芳香的亮绿色液体,带有恰到好处的草本香气。在这之后,只需用石楠蜂蜜稍加调味,就成功了。

现在1494年苏格兰国王詹姆斯四世(James IV)王朝的一份财政记录中:柯尔修道士获得了八博耳(boll,容量单位)麦芽,用以制作"生命之水"(aqua vitae)。

我们并不清楚他是谁,甚至连他是否真实存在都是个谜。但我们至少知道,他在制作"生命之水"时使用了发芽大麦,也许是在为他的君主继续钻研斯科特的炼金术。

令人难以置信的是,蒸馏啤酒用了一个世纪的时间才流传到了边境以北粮食更为丰富的土地。如果将麦克贝萨德家族(MacBeathads,即英化的"Beatons"比顿家族)的重要地位列入考量,这就更为荒谬了。1300年间,这个专精药学的世家随同阿尔斯特公主艾内欧凯森(Aine o'Cathain)一同来到艾雷岛。从苏格兰国王罗伯特·布鲁斯(Robert the Bruce)执政年间(1306—1329年)到查理一世(Charles I,1625—1649年在位),麦克贝萨德家族一直被称为"ollamhs",也就是属于君主的宫廷药师。比顿家族则是詹姆斯四世(1488—1513年)的专属医师。

作为"坚定的阿拉伯人",比顿家族一直坚守着阿维森纳(Avicenna)与阿威罗伊(Averroës)的用药原则,也就是草药与炼金术结合的疗法。最初,迈克尔·斯科特将这两位哲学与医学家的著作中的一部分翻译成了拉丁文,比顿家族又在14世纪将其翻译为盖尔语。这个家族研究蒸馏是出于医学考虑,至于柯尔修道士呢?也许是个意外吧。

1527年,阿伯丁大学的第一任校长赫克托·博伊斯(Hector Boece)在他的《苏格兰历史与历代记》(*The History and Chronicles of Scotland*)中这样看待威士忌:

> "当我的祖先下决心要找寻获得快乐的方法时,他们使用(了)一种'生命之水',不添加任何香料,仅用他们自己的花园中生长的根茎与草木。"

威士忌的"权威历史"中表明,这种烈酒最初只是一种药品,用了几个世纪的时间才衍化为适合饮用的美酒,而博伊斯文献中的内容却正好相反。这种烈酒的诞生就是为了享受,饮用的传统代代相传。在博伊斯的祖先开始享受饮酒的乐趣时,柯尔修道士说不定还在和他那八博耳麦芽奋斗呢。

在手头有大量麦芽酒时,这位著名学者和他的祖先也许不会蒸馏昂贵的进口葡萄酒。为了节省成本,他们也会避免使用进口香料。这些早期的蒸馏师打开窗子,开始在自家花园中的香气里寻找灵感。

他们使用的植物既有人工栽培的牛膝草、牛至和薰衣草，也有当地野生的百里香、迷迭香、花楸浆果和石楠花（也许是石楠花的花蜜）。博伊斯的"生命之水"是一款诱人的烈酒，萦绕着这片大地的芬芳。它根植于苏格兰的山水草木，每一种配料的风味都是有意为之的甄选。

然而，真正因这种威士忌而名声在外的反而是爱尔兰人。旅行家法因斯·莫里森（Fynes Moryson）曾写道：

> "爱尔兰的'生命之水'（Usquebaugh）比我们
> 的更受欢迎，是由于它还混合了葡萄干、茴香籽和
> 其他材料，酒精带来的刺激能够得到舒缓，味道也
> 更加宜人。"

莫里森对他所写的内容了如指掌。他是为威士忌的复兴之旅提供指路明灯的早期作家。这位作家1617年的四卷本《旅途》（*The Itinerary*）是他在欧洲10年游历生涯的记录，其中就囊括了作者在爱尔兰的旅途中发现的这款全新烈酒。

它的配方非常迷人——就像它的名字一样，其中的配料也是本土和远道而来的元素相互结合的产物。在"权威说法"中，"生命之水"翻译成盖尔语是"Usquebaugh"（实际上应该是"Uisge Beatha"），之后就与正统的威士忌（usky/whisky）产生了混淆。事实上，爱尔兰"生命之水"和其他地区的威士忌是完全不同的饮品。前者需要加糖提味，而后者更为纯净，口感强烈，几乎是刚刚用蒸馏器生产出的烈酒。

莫里森出游时正值九年战争，苏格兰国王詹姆斯六世（1567—1625年在位）控制了阿尔斯特，将他的亲信安插到当权的位置——托马斯·菲利普斯爵士（Sir Thomas Phillips）就是其中之一。这位爵士在1608年获得了独家的在"欧凯森郡"蒸馏的权利，这片土地正是以艾内欧凯森的祖先命名的。

按授权原文所说，托马斯爵士获准制作的是"acquavitae"、"usquabagh"和"aqua composita"，这一点常常被忽略。换句话说，他可以蒸馏纯威士忌、调味后再次蒸馏的威士忌，以及由不同原材料浸泡调味的威士忌，这是3种不同的风格，而不仅是1种。

在近300年中，爱尔兰"生命之水"成为一种受人喜爱的复杂饮品，频频出现在贵族们的蒸馏书中，例如17世纪的一个例子（见16页文字框）。这种烈酒最显著的特点在于其中的一个重要配料——番红花。

两种"生命之水"古方

皇家"生命之水"
《蒸馏全书》(*The Complete Distiller*),
A. 库珀(A. Cooper),1757年著

取肉桂、生姜与芫荽籽各3盎司、肉豆蔻种子4.5盎司,肉豆蔻干皮、丁香与荜澄茄各1.5盎司。将这些材料捣碎后装入蒸馏器,再加入11加仑高度烈酒与2加仑清水进行蒸馏,直到酒精蒸气开始升腾。将4.5盎司英国番红花用布包好,将布包绑在冷凝器一端。将4.5磅去核葡萄干、3磅大枣、2磅切片甘草根用2加仑清水浸泡12小时,滤出杂质,将这些液体与蒸馏得到的液体混合,使用精制糖增加甜度(10加仑份)。

爱尔兰甜酒,"生命之水"
《厨师与主妇手册》(*The Cook and Housewife's Manual*),梅格·道兹,1829年著

将去核葡萄干1磅、0.5盎司肉豆蔻种子、¼盎司丁香和同样数量的小豆蔻在研钵中捣碎,加入2夸脱不带烟熏味道的威士忌;用粗糖块将塞维利亚酸橙的橙皮擦出细丝调味,最后加入少许番红花和半磅棕糖。每日搅拌酒液,两周后过滤即可享用。请注意,这种爱尔兰甜酒中一滴水都不能加。有时,人们不用番红花调色,而是使用菠菜榨出的绿色汁液。但正因为大多数人都使用番红花,这种甜酒还被称作"usquebeae",即"黄水"。

1盎司=28.35克
1磅=0.45千克
1(英制)加仑约为4.55升
1(英制)夸脱=1.14升

很显然,任何包含了番红花的饮品,都不是农民阶级能够企及的,但梅格·道兹(Meg Dods)在他的"爱尔兰甜酒,生命之水"(见左侧文字框)中提供了一种有趣的建议:在进行调色时,可以用"菠菜榨出的绿色汁液"替代番红花。

关于调味最早的文献出现在1703年。一位名为马丁·马丁(Martin Martin)的旅行家记述了他在苏格兰西部岛屿的经历。在他描述刘易斯岛的威士忌时,还出现了其他名称:"Usquebaugh"(生命之水),经过三次蒸馏的"Trestarig",以及四次蒸馏出的"Usquebaugh-baul"(在盖尔语中意为"对生命有害的水")。很显然,尽管苏格兰的其他地区使用的是博伊斯的配方或是这种配方的爱尔兰版本,刘易斯岛当地人却有着自己的一套方法。除此之外,马丁还发现了当地人饮用威士忌的方法:

> "在他们的语言中,一个'Streah'就是我们所说的'一轮'。一群人围坐一圈,把酒斟满,酒杯传一圈,不论是烈酒还是淡酒都要喝光。有时他们要连续喝上24小时,甚至48小时……"

你可以用两种方式看待他们的喝法。一来,这的确是一群堕落的醉鬼,但这也是一群人平等地聚集在一起,用传递和共用同一个酒杯来增进对彼此的感情。在这里,我们看到威士忌已经不仅仅是酒精,而是成为一个民族文化的重要组成部分。长久以来,它根植于山野间的风味,而现在又深入了社会,人们对它的热情也愈加高涨。

> "苏格兰高地的一些绅士对威士忌索取无度,他们一口气可能就要喝掉三四夸脱。"

这是埃德蒙·伯特上尉(Captain Edmund Burt)1726年在苏格兰游历时看到的景象。他带了许多柠檬,可以用来做潘趣酒,或是送给接待他的人作为礼物。他发现人们饮用威士忌时偶尔会用到不寻常的盛器,例如扇贝的贝壳。与此同时,他一定对18世纪初苏格兰高地的潘趣酒不使用柑橘类的配料感到很欣慰。那时人们是这么喝酒的:

> "(他们)把烈酒、水和蜂蜜混合在一起,或者是牛奶与蜂蜜。有时他们只用'生命之水'、糖和黄油来调制。他们会加热这些混合物,直到糖和黄油完全融化在烈酒中。"

从伯特上尉记载的当地人的饮酒量也能推断,当时稀释烈酒的做法是很常见的。

到18世纪，饮用威士忌成为一种愉快的社交体验。

威士忌成为当时人们日常生活中的一部分。约翰逊博士（Doctor Johnson）在他的书籍中写道：

"一个居住在苏格兰赫布里底群岛的人……在他早上出门时，就会仰头痛饮一杯威士忌……他们不是酒鬼，但没有人能抵抗在一大早来一杯的诱惑。他们将这种习惯称为'skalk'，在盖尔语中写作'sgailc'，意为当头一棒。"

对威士忌的消费被赋予了一种仪式感：那是契约精神的体现，是付出与报酬，是待客之道的基石。在那个时代，人们在日出前醒来或是深夜准备入眠时，都有威士忌相伴。在各种庆典时刻，威士忌被盛放在木制或牛角制作的浅酒杯或扇贝壳中，这份伴随甜蜜和烧灼感的快乐一轮又一轮地在人与人之间传递。

苏格兰与爱尔兰：1745—1850年

然而，这种属于乡野的欢乐仪式时刻面临着威胁。从18世纪中叶开始，苏格兰和爱尔兰的小规模威士忌生产逐渐向商业蒸馏过渡。随之而来的是大量法律法规，因为政府想要在利益最大化的前提下控制烈酒的过量消费，然而这是一次失败的探索。

18世纪后期，苏格兰低地的蒸馏厂经过了一段繁荣发展，其中有许多都与黑格（Haig）和斯坦（Stein）家族联姻形成的商业帝国有所关联。每家蒸馏商都希望将手中低成本的烈酒出口到伦敦，以进一步加工为广受喜爱的金酒，这能为他们带来又一笔财富。

然而好景不长。到1786年，新法令的出现，迫使低地蒸馏厂将酒类售价削减到入不敷出才能继续生存。无可避免地，许多厂商就此止步。此外，蒸馏厂需要按照蒸馏器的规模缴税，因此他们被迫改变壶式蒸馏器的设计，让蒸馏壶尽可能变浅，同时采用细长的天鹅颈，从而"以每2分45秒提取一次的速率运作"。起初，由于要后续加工成金酒，这些酒液的品质并不重要，但当出口贸易崩盘时，绝望的低地蒸馏商们只能把产品销售给当地的地下酒吧。

诗人罗伯特·彭斯（Robert Burns）在1788年的一封信件中写道："这个国家（低地）的威士忌是最粗劣的烈酒，所以饮用它的也是最为粗鄙的人群。"彭斯将低地、高地（和岛区）当作不同的国家，在当时看来是正确的。1784年，消费税政

19世纪早期，规模较大的商业化蒸馏厂在苏格兰和爱尔兰拔地而起。

VIEW OF MESS.ʳˢ JOHN POWER & SON'S DISTILLERY, JOHN'S LANE, DUBLIN.

策将苏格兰划分成了两个部分，各自施行自己的法律。在高地线（Highland Line）以北，政府正在蹒跚学步，尝试将商业蒸馏的制度应用在农民利用自产谷物进行小规模蒸馏的产业中。新的法令有效地阻断了这条道路。

另外，尽管高地威士忌品质更好，优于低地的斯坦家族那些"浅碟"蒸馏壶生产出的酒液，市场对于高地威士忌的需求也在稳步上升，但从高地向南方出口威士忌却是违法的。应对方法只有一个：把威士忌制造业转向地下。地主们对佃户的行为睁一只眼闭一只眼，才能让他们继续在土地上工作。在这种环境下，格兰威特（Glenlivet）、琴泰岬半岛及艾雷岛等地涌现出了一批地下酿造商。这些地方位置偏远，巡查难以进行，但通往低地的交通却相当便利。

在爱尔兰，类似的状况同样存在。到1779年，整个地区拥有1228家注册蒸馏厂，但就在同一年，政府颁布了依据蒸馏器规模征税的法令，982家蒸馏厂就这样消失了。余下的"国会蒸馏厂"就像他们在苏格兰低地的同行那样，制造淡而无味的烈酒。这催生了市场对于非法私酿的需求。

1823年，在政府与地主达成协议，要求他们维护更公平的立法后，两国的情况再次产生了变化。高地线被取消，关税减半，使用纯麦芽制酒可以获得补贴，蒸馏器必须大于40加仑，免税仓储和出口也获得了批准。

但这不是苏格兰合法蒸馏威士忌的开始。新法令为蒸馏行业带来的是涌入的资本，让威士忌制造成为一种商业化的产业。不过，它与人们印象中的商业相比，具有更强的冒险性。若斯墨丘斯的伊丽莎白·格兰特（Elizabeth Grant of Rothiemurchus）在19世纪20年代描述"高地女性"生活的文字中写道：

> "体面淑女的一天，通常由小酌一杯开始……在我们的庄园里，每天早上摆放肉类冷盘的边桌上都要放一瓶威士忌，搭配由银制托盘盛放的玻璃杯。"

尽管当时的威士忌已经成为城里穷人的饮料，但高地威士忌仍旧受到上层社会的青睐。乔治四世（George IV，1820—1830年在位）在1821年访问爱尔兰及次年访问苏格兰时的要求最能证明这一点。在巡访都柏林时，这位国王说：

> "亲爱的朋友们，我向你们担保，我的心属于爱尔兰。在这美好的夜晚……让我们用满杯威士忌潘趣酒干杯，证明我对诸位的喜爱。"

（注：他饮用的并不是纯威士忌。）

国王访问爱丁堡时，他再次提到了威士忌，并提出想要一瓶（当时还是非法制造的）格兰威特的威士忌。那时，正是那位爱发牢骚的伊丽莎白·格兰特很不情愿地为国王提供了他想要的酒。她记述道：

> "父亲要求我拿出全部的私藏……那些我珍藏的、长期封存的威士忌，如同牛奶一般温润，还有违禁品令人上瘾的快感。"

国王对于威士忌的赏识为这个行业带来了极大转变。不论乔治四世真实的目的是什么，威士忌托蒂酒成为那个年代属于绅士们的饮品。1864年，查尔斯·托维（Charles Tovey）在他的《英国与全球烈酒》（*British and Foreign Spirits*）中写道：

> "你会在贵族们的餐后酒桌上发现托蒂酒的身影。袅袅烟气与拉菲或罗曼尼康帝葡萄酒的香气一同升腾而起……在正餐之后，人们搭配热水和糖饮用威士忌已经是习以为常的事，每个人的饮品还会根据个人口味分别调制。"

与托蒂酒相同，威士忌潘趣酒也同样是热饮——这可是苏格兰啊！人们仍旧中意这种喝法。并且，由于缺少柠檬这种重要配料，当地还出现了一种巧妙的改良方法。1772年，绅士旅行家托马斯·彭南特（Thomas Pennant）在他的作品中透露，人们会使用当地的花楸浆果来加强潘趣酒的风味：

威士忌潘趣酒

埃特里克牧羊人的威士忌热潘趣
《深夜佳肴》（*Noctes Ambrosiane*）
第三部分，1828—1830年

《深夜佳肴》一书由约翰·威尔逊教授（Professor John Wilson）于19世纪初开始创作，许多爱丁堡的名流也参与其中，笔名"埃特里克牧羊人"的著名诗人詹姆斯·霍格（James Hogg）也是其中之一。本书以虚构的方式，呈现了这些学者对于人情世故和生活的变幻莫测进行的探讨。

这段制作"威士忌潘趣酒"的指南，出现在霍格一段文字的脚注中，但文章的内容实际上是他制作威士忌托蒂酒的片段。"制作威士忌托蒂酒可能是一种本能"，他说，"在我们愚笨的对谈中，我搅拌着酒液，把糖丢进去，绿色瓶子里的酒液汩汩流出。"

脚注中的内容则对此进行了扩展：制作威士忌潘趣酒的秘密是实践出真知。在加糖之前，应该先用温度极高的开水把糖化开，再加入威士忌。刨入少量柠檬皮，再加入两倍于威士忌的热水。最后一步，敞开喝吧！柠檬汁会毁掉酒的味道，要尽量避免使用。

苏格兰人为什么会对柑橘类果汁有所抵触呢？个中原因请见本书的"鸡尾酒"章节（见184—219页）

高地苦酒

苦酒：包治百病的良药
《厨师与主妇手册》，梅格·道兹，
1829年著

"取2盎司杜松子，1.5盎司龙胆根或¼盎司芫荽籽，香菖蒲¼盎司，蛇根草1打兰，小豆蔻籽½打兰。将龙胆根切成小块，与其他材料一同在研钵中捣碎，放入装有5瓶上好麦芽威士忌的大罐或大瓶中。首次放入药材时轻摇瓶身，之后静置即可。仔细密封后浸泡12天即可滤出装瓶饮用。"另有一个相对更容易接受的版本（苦味没有这么强烈）请见本书的"鸡尾酒"章节（见187页）。

打兰（Drachm）为重量单位，意为古希腊银币重量，约合1.77克。

"赫布里底群岛的人们从花楸树的浆果中提取了一种酸味物质，并把它用在潘趣酒中。"

当时的苏格兰威士忌饮用方法"三巨头"中的第三位则是苦酒（Bitters）。这种使用方法最初的记录，出现在1808年贾米森（Jamieson）编纂的《苏格兰语言词典》（*Dictionary of the Scottish Language*）中："由威士忌和其他香味草药浸泡而成，在苏格兰高地通常用于健胃消食、增强食欲。"1个世纪之后，阿奇博尔德·盖基爵士（Sir Archibald Geikie）的文献中，这种苦酒则是"在每天清晨时分，经常出现在苏格兰高地人的餐具柜上"。

梅格·道兹所著的《厨师与主妇手册》中记录了大量配方，强调当时的威士忌远远不止用于净饮。书中记录了苏格兰果仁酒（主要是杏仁）、樱桃威士忌、爱尔兰"生命之水"、诺福克潘趣酒、苦酒，以及苏格兰"黑特派"（Het-Pint，字面意为"热品脱"）——这是一种由威士忌、热麦酒、糖和蛋液调制的饮品，用热铜壶盛放，做法是"在两个容器之间来回倾倒，让液体口感顺滑、色泽明快"。

为什么威士忌在它的故乡，渐渐有了这么高的地位？那种"违禁品令人上瘾的快感"确实是一种强有力的诱惑。托维还曾写道：

"在高地蒸馏威士忌还是合法生意的时候，绅士们的酒桌上从未出现过它的身影。"

威士忌还引发了更加深远的文化共鸣。1760年，麦克弗森（Macpherson）出版的"莪相"（Ossian）传奇史诗，为一系列拼接而成的神话故事赋予了更多情感，也重塑了苏格兰的形象。这些虚构的"史诗"大获成功，正表明了苏格兰民族精神中缺失的部分，他们需要找回那些失去的过往——哪怕只是经过重新编纂的影印本。而威士忌成为苏格兰式浪漫的象征，喝下它，你便也走进了这段传说。

"苏格兰人"是什么，关于这个话题的争论是弗格森（Fergusson）、彭斯、霍格与司各特（Scott）等文学大师作品中的核心，也是苏格兰文艺复兴的基础。在这一时期，生活在爱丁堡的学者们正从方方面面重新描绘这个世界：詹姆斯·赫顿（James Hutton）之于地质学，戴维·休谟（David Hume）之于哲学，亚当·斯密（Adam Smith）之于经济学。在这个新世界里生而为人、身为苏格兰人，究竟意味着什么？他们不断询问，并追寻着答案。威士忌也在其中扮演着小小的角色。

An IRISH WAKE, or the Whisky Club, singing a Requiem to the Manes of the Persecuted and ——— Queen.

在乔治四世出访都柏林时,他举起威士忌潘趣酒,要求大家共饮。

然而,新生的合法蒸馏商并不在这些哲学意味的衍生品之列,他们的目的只是销售产品。1823年后,很多全新的蒸馏厂开放了,对于威士忌的消费量也随着出口有了一定提升,但产量的过快增长还是带来了供过于求的局面。

1830年后高地经济的萧条,以及高地清洗运动(the Clearances)带来的影响,对高地威士忌而言都是严重的打击。而连续蒸馏器(见51页)的普及使低地威士忌产能过剩的情况更加严峻。简而言之,苏格兰威士忌的名声再度一落千丈。

相对地,爱尔兰的主要蒸馏商抓住了1823年酒税法案带来的机会,他们的产品也成为苏格兰人和英格兰人的新宠。1826年,米德尔顿(Midleton)蒸馏厂的壶式蒸馏器已经能够容纳31,500加仑(约143,200升)的原酒;在都柏林,约翰与威廉·詹姆森(John and William Jameson)、乔治·罗(George Roe)和约翰·鲍尔(John Power)的产业也如日中天。到了1850年,再反观苏格兰威士忌,要么细心钻研口味,要么走上末路,没有其他选择。

美国与加拿大：1700—1920年

生活在18世纪的农民为什么要蒸馏酿酒？首先，因为烈酒不但美味，还能成为他们的又一份收入来源，甚至可以替代金钱，用来换取商品。但更重要的是，这已经成为文化中的一部分。他们用自己田地里的谷物支撑自己的蒸馏厂，充分利用手头的资源。没错，苏格兰人和爱尔兰人制作威士忌时不仅会用到大麦，小麦、燕麦和黑麦也同样是常见的原材料。

在18世纪，很多欧洲农民前往北美定居，他们也面临同样的情况。这些农民来自德国、荷兰、阿尔斯特（北爱尔兰）、苏格兰、英格兰等地，出于各种原因远渡重洋，离开了自己的故乡。举步维艰的他们希望找到一个能够扎根的新家园，这不仅是物质层面的需求，也是文化方面的需要。

这些人的适应能力非常惊人。苏格兰人一路西行，到达了加拿大的东海岸，如果他们移居到加勒比海地区，立刻开始酿制朗姆酒的一定也是这群人。德国与荷兰人则定居在了位于宾夕法尼亚的莫农加希拉河沿岸，这里可以种植制作面包和烈酒的黑麦。后者很快就名声在外，成为美国最早的威士忌的代名词。

这些产业发展非常迅速，很快就一片繁荣。也正因如此，到了1791年，新成立的美国其债务高达5400万美元。亚历山大·汉密尔顿（Alexander Hamilton）为偿还这笔债务，选择了波及面相对较小的征税目标——酒。在这之后，政府组织了15,000多个民兵，才平复了以匹兹堡为中心的酿酒师叛乱。

一些蒸馏师沿着俄亥俄河逃亡到肯塔基州，这一带已经成为苏格兰和爱尔兰裔农民的定居地。当地的主要作物也不是黑麦，而是玉米，因此农民们制作的威士忌有着完全不同的风格。各个农场的门口就有烈酒出售，还有人用它们直接交换商品。这里的人们在名为"ordinaries"的小酒馆里畅饮谷物烈酒，而这些场所正是当地的社区诞生的地方。

谁都不记得肯塔基州第一个蒸馏师是何方神圣，但细数18世纪末的大人物，无非就是伊莱贾·佩珀（Elijah Pepper）、雅各布·伯姆（Jakob Boehm，又名雅各布·比姆Jacob Beam）和埃文·威廉姆斯（Evan Williams）三位。他们或是点起自家的小锅，或是用原木搭起粗糙的蒸馏器，开始制作新酿酒

（Bald face，美俚语，指新酿、家酿、劣等或私售的威士忌）。

随着产业不断发展，他们生产的威士忌也被装进木桶，运送到更远的地方。特别是在1801年的路易斯安那购地案之后，这些威士忌沿俄亥俄河与密西西比河顺流而下，进入新奥尔良。作家加斯·里甘（Gaz Regan）指出，从完成蒸馏到抵达目的地，这趟旅途要花上长达9个月的时间，足以使威士忌从木桶中汲取颜色，口味上也敛去锋芒。正如莫农加希拉河成为一种威士忌风格的代名词，肯塔基州北部的波本郡也孕育了一种全新的风格。

英国人查尔斯·詹森（Charles Janson）也是一位绅士旅行家，他显然不赞同弗吉尼亚州、卡罗来纳州和佐治亚州当地的人们开始新一天的方式。他写道：

> "欧洲人会震惊地发现，美国人一大早最渴望的东西竟然是烈酒，与糖、薄荷或其他辛辣的草本混合起来。他们管这东西叫作司令。"

显然，詹森先生有了点误会。在他的记述中，那些饮酒的人会在上午11点就钻进酒吧，开始享用他们的司令威士忌。而《美国百科全书》（*American Encyclopedia*）中记载道："有神奇苹果风味的"威士忌是晚餐的伴侣。这种用薄荷叶装饰的加糖威士忌，实际上是我们熟知的茱莉普酒。这种饮品的基酒原本是白兰地，或许是由法国的移民带到美国南部的。但在威士忌更加普遍和廉价的情况下，调酒的原料也自然变成了后者。

对苏格兰人来说，这种茱莉普酒或司令酒就是加了薄荷的冷饮托蒂酒。后来，有人调制这些饮品时加入了苦精，就有了"苦味司令"——根据一期《平衡与哥伦比亚知识库》（*Balance and Columbian Repository*，1806年5月6日刊发）记载，这就是所谓的"鸡尾酒"。人们普遍认为，这是第一份关于鸡尾酒的文字记录，但事实并非如此。

到了1842年，查尔斯·狄更斯（Charles Dickens）与华盛顿·欧文（Washington Irving）彻夜对谈，就有"大杯的、使人着魔的茱莉普酒"相伴。威士忌不仅成为饮酒文化中的固定"成员"，而且人们认为它是更优质的基酒。

这要归功于一位名叫詹姆斯·克罗（James Crow）的年轻苏格兰人，1824年，他加入了奥斯卡·佩珀（Oscar Pepper）蒸馏厂。这个年轻人对蒸馏的细节一丝不苟，并带来了酸醪技术、液体比重计和分馏点的概念，简而言之，就是现代化的质量控制。因此，波本获得了优质烈酒应具备的重要素质：稳定的品质。

就在同一年，加拿大的烈酒制造业也开始从传统的小农生产转变为规模化生产。托马斯·莫尔森（Thomas Molson）就在他位于蒙特利尔的家族啤酒厂边建起了一座蒸馏厂。整个19世纪，这些磨坊主（大部分来自英国）在加拿大奠定了威士忌产业的基础。他们制作威士忌时偶尔会用到大麦，但更主要的产品是由小麦作为基底、以黑麦加强口味的烈酒。

与美国不同，加拿大人很少饮用调制的烈酒。根据威士忌历史学家达文·德·凯尔戈莫（Davin de Kergommeaux）的记载，这里的人们似乎更喜欢刚刚从蒸馏器生产出的无年份威士忌，稍加稀释直接饮用。从19世纪20年代起，这里的威士忌才采用木炭过滤。

的确，过滤技术是让北美威士忌与众不同的地方（见55页）。最初使用这种技术的是美国的"精馏师"（rectifiers），尽管这个群体几乎被人遗忘，但过滤却成为日后威士忌生产的基础。他们一群商人捐客，收购新生产的烈酒，加以调配后用自己的名号出售。其中有许多人做出了不错的名声，甚至创造了北美最早的威士忌品牌，但更多则是名不见经传。其中，非常负责任的商人有时还会重新蒸馏收购来的原酒，与

19世纪伊始，美国人对以威士忌调制的鸡尾酒非常着迷。

不加蒸馏，如何制作威士忌？

谁还需要蒸馏器？
《无需蒸馏，制造谷物烈酒、葡萄酒
与其他烈性酒》(The Manufacture of
Liquors, Wines and Cordials Without
the Aid of Distillation) 皮埃尔·拉库
尔 (Pierre Lacour)，1853年著

拉库尔生于法国波尔多，但在新
奥尔良定居。他对来自故乡的一种观
念深信不疑：制作有益健康的烈酒，
不需要用烦琐的步骤制作麦芽浆或进
行熟成。

爱尔兰威士忌：中性烈酒，4加
仑；精制糖，3磅，用4夸脱清水溶解；
杂酚油，4滴；以4盎司焦糖调色。

苏格兰威士忌：中性烈酒，4加
仑；淀粉醇溶液，1加仑；杂酚油，5
滴；胭脂酊，以红酒杯盛装，4满杯；
以¼品脱焦糖调色。

老波本威士忌：中性烈酒，4加
仑；精制糖，3磅，用3夸脱清水溶解；
茶汁，1品脱；3滴冬青树油，用1盎
司酒精溶解；用2盎司胭脂酊调色；加
入3盎司焦糖。

莫农加希拉威士忌：中性烈酒，4
加仑；蜂蜜，3品脱，用1加仑清水溶
解；淀粉醇溶液，1加仑；朗姆酒，0.5
加仑；硝酸酯，0.5盎司；按需求进行
调色。

1（美制湿量）品脱=473毫升

其他原酒调和、稍加调色后出售；另外一些商人则只是将各
种品质参差不齐的配料加以混合，把成品当作威士忌售卖。

1860—1865年的内战摧毁了美国南部一些规模较小的蒸
馏厂。战后，威士忌制造成为一种"特产"，愈发向肯塔基州
集中。由于肯塔基州在冲突早期保持中立，当地的威士忌制
造业比临近几个州受到的冲击稍小一些。这里的产业从形式、
规模，乃至对细节的注重程度上都与它的"前辈"们有所不
同。佩珀、比姆和丹特（Dant）等早期企业主渡过了难关，在
战后又迎来行业中的新生力量：布朗-福曼（Brown-Forman，
即百富门）、泰勒（Taylor）以及田纳西州的杰克·丹尼（Jack
Daniel）。在那之后，木桶陈酿渐渐普及，尽管精馏师们仍旧
不断将刚刚完成蒸馏的刺激酒液送上火车——到1869年，通
过日渐发达的铁路运输，这些酒已经走遍了整个北美。

当然，这并不意味着整个美国一夜之间就喝上了高端的
波本与黑麦威士忌。到了19世纪末，这个国家精制威士忌的
比例才达到75%。同时，得益于内战时期美国威士忌供应短
缺，加拿大威士忌也通过出口获得了一席之地。确切地说，
是美国内战成就了加拿大的威士忌产业，直到2010年，美国
本土消费的本地威士忌数量才超过进口的加拿大威士忌。

来自底特律的海勒姆·沃克（Hiram Walker）于1858年
在加拿大的温莎购置了一处磨坊及蒸馏厂，成了业内颇具
名望的精馏师。这一时期，加拿大涌现出了许多新的蒸馏
厂，它们大多是磨坊的一部分。在1857年，J. P. 怀瑟（J.
P. Wiser）的黑麦威士忌开始了生产，他的产品让人能够
想起这位蒸馏厂主的德裔血统；1878年，约瑟夫·施格兰
（Joseph Seagram）买下了位于安大略省滑铁卢的赫斯佩勒&
兰德尔（Hespeler & Randall）蒸馏厂；1859年，亨利·科尔
比（Henry Corby）建立的蒸馏厂也是新鲜血液的一部分，它
后来发展成为科比维尔（Corbyville）蒸馏厂。

玉米价格降低，加上来自美国的进口，让加拿大的蒸馏
师们使用这种原料创造了一种新的风味。在这之后不久，他
们就开始将手头的小麦、黑麦和玉米基底加以混合，制作更
为复杂且品质稳定的产品。到19世纪80年代末，海勒姆·沃
克的加拿大俱乐部（Canadian Club）和具有雪莉风味的施格
兰83（Seagram 83）都展现出了加拿大调和威士忌的高水准。
在当地酒吧里，这些新品牌也足以和来自美国的老乌鸦（Old
Crow）、老泰勒（Old Taylor）和欧佛斯特（Old Forester，这

是首款装瓶销售的波本威士忌）平起平坐。

这些酒的用途也变得越来越广。想要找到最便宜的威士忌，你可以前往娼馆或者廉价酒馆，这些地方的木桶上直接插着拧不紧的龙头，酒液滴落，消失在扬着锯末的地板上；鱼龙混杂的沙龙也能供你饮酒寻欢。你能喝到什么威士忌还取决于你所在的场合——东部大多喝黑麦威士忌、西部偏爱波本，而你如果想请人用这两种威士忌调制鸡尾酒，或许还需要足够的胆量。不过，在更加时髦的沙龙、俱乐部或酒店酒吧里，都有专业的绅士调酒师打理吧台，这样的场所一般都会供应质量可靠的调制饮品。

杰里·托马斯（Jerry Thomas）在他1865年出版的《调酒师指南》（Bartenders Guide）中列举了22种以威士忌为基底的调酒配方。哈里·约翰森（Harry Johnson）说威士忌鸡尾酒"无疑是当今美国最受欢迎的饮料"。这些都是威士忌鸡尾酒黄金年代开始的证明。不久之后，葡萄根瘤蚜（一种寄生虫）摧毁了欧洲的葡萄园，让白兰地在酒吧老板的库存中销声匿迹，这让新生的美国威士忌调酒势头更劲。这段巅峰时期诞生的曼哈顿（Manhattan）至今都是美国威士忌鸡尾酒的代表作。

越来越多的配方令人眼花缭乱，调酒师们也在不断大胆地尝试，但即使在这种"百花齐放"的时代，最受欢迎的也无外乎4种简单的鸡尾酒：酸酒（Sour）、古典（Old-Fashioned）、茱莉普和曼哈顿。实际上，那时北美地区的更多人还是更喜欢净饮威士忌，配上一杯清水。波本、黑麦威士忌和加拿大威士忌各有千秋，精馏威士忌占据了主导地位。

然而，19世纪中叶，人们对烈酒的消费能力开始下滑，而进一步抑制消费的压力则越来越大。刚刚步入20世纪，对于消费的软性抑制变成了严格的禁令。1915年，包括肯塔基州和田纳西州在内的20个州遭遇了禁酒。而在1920年1月17日凌晨0时，美国宪法第18条修正案生效，标榜着"崇高的尝试"的禁酒令正式席卷了整个美国。

苏格兰与爱尔兰：1850—1920年

苏格兰威士忌的第一次重大变革，是由谷物威士忌催生的，这正是代表着烈酒资本主义的产物。低地蒸馏商们希望压低成本、提高产量，1828年出现的施泰因（Stein）连续蒸馏器和1834年出现的科菲（Coffey）连续蒸馏器（见51页）

实现了他们的愿望。同时，他们使用的原料也非常多样化：从发芽大麦到未发芽的大麦、小麦、燕麦和黑麦应有尽有，这些因素都让他们生产的威士忌与以往大不相同。在这样的基础之上，全新的"谷物威士忌"口味更加清淡、酒体更为轻盈。

苏格兰威士忌仍旧步履维艰，需要寻求更广泛的认可，而在1853年，一项法案允许威士忌保税调和，即制造商可以在向政府纳税之前，在仓库中调和威士忌。这项法案为苏格兰威士忌带来了新的机遇，让蒸馏商们销量增加的同时，保持更稳定的产品品质。这项法案直接催生了调和麦芽威士忌。厄舍（Usher）的OVG（Old Vatted Glenlivet，老式调和格兰威特）就是其中之一，它是由斯特拉斯贝地区（Strathspey，20世纪以前斯佩塞地区的称呼方式）多家不同酒厂的原酒调配出的产品。更大的转变发生在7年之后。新的法令允许人们在保税条件下调和麦芽威士忌与谷物威士忌，让大规模商业威士忌调和得以蓬勃发展。到了1860年，我们今天熟知的苏格兰威士忌产业已经初具规模。

规章制度的改变带来了一类新的威士忌制造群体：调配师。调配烈酒并不是新鲜事，早在1784年，伊德富曼（ED&F Man）就开始为英国海军调配朗姆酒，同为苏格兰品牌的莫顿（Morton）的OVD（Old Vatted Demerara，老式调和德梅拉拉）也比厄舍的OVG早了20多年。

新生的苏格兰调配师也需要从他们的竞争者那里汲取经验。查尔斯·托维在1860年写道：

　　"（在英格兰）威士忌通常直接销售，几乎是离开蒸馏器就直接上市……酒商们应当给予白兰地和朗姆酒相同的保税陈酿特权。"

虽然有远见的蒸馏商和商人们一直都有存货的传统，但在新的政策之下，威士忌熟成应当成为标准流程的一部分。

幸运的是，苏格兰人也大量消费加强型葡萄酒和朗姆酒，因此新兴酒商可以在码头上找到不少空木桶，用以保存和陈酿威士忌。罗伯逊（Robertson）和巴克斯特（Baxter）是其中的代表人物，他们在格拉斯哥的实验室成为许多大师的威士忌调配学院；W. P. 劳里（W. P. Lowrie）则是雪莉桶陈酿与木桶品控的先锋。

杂货商们的地位也同样重要，而更高档的杂货商们则自称为"意大利货栈管理员"。芝华士兄弟位于阿伯丁的国王大街商店被誉为"北方的哈罗德百货";约翰·沃克(John Walker)1820年继承了一家位于基尔马诺克的杂货店。那段时间,还涌现出了诸如格拉斯哥杂货商威廉·蒂彻(William Teacher)、酒商马修·格洛格(Matthew Gloag)和珀斯的约翰·杜瓦(John Dewar),以及爱丁堡的乔治·巴兰坦(George Ballantine)等人物。这些商人从起步时就开始经手威士忌生意,例如,1825年,沃克囤积了大量装桶的艾雷岛威士忌和"烈酒"(aqua,并未具体说明种类,或许指新酿酒)。到1860年,芝华士兄弟开始售卖皇家格兰迪伊(Royal Glen Dee)和皇家斯特拉西森(Royal Strathythan),它们很可能都是调和型威士忌。杜瓦的第一款调和威士忌,以及沃克的老高地(Old Highland)也都诞生于19世纪60年代。日后,他们的产业都渐渐发展成了我们耳熟能详的苏格兰威士忌品牌。

　　这些早期的调和型威士忌选取浓重的麦芽威士忌,以通常未经陈酿的谷物威士忌稀释,口味大胆而浓郁。以地理位置划分的品牌风格也逐渐清晰——在我们今天常见的威士忌产品中,当年的根源仍旧显而易见。沃克来自基尔马诺克地区,他的调和威士忌通常选用苏格兰西部浓郁而烟熏味十

"意大利货栈管理员"拥有的大型商业帝国,是许多知名的苏格兰调和威士忌的诞生地。图中是芝华士兄弟(Chivas brothers)位于阿伯丁的国王大街商店。

足的原酒；芝华士兄弟则是从斯特拉斯贝地区甄选适合的产品，而杜瓦的原酒来自他所在的珀斯郡。

许多大人物都是杂货商出身，这一点非常重要。调和威士忌不仅让麦芽威士忌更易于饮用，它们也源于消费者观念的转变。19世纪的烹饪书籍中，列举了很多今天看起来充满异国风味的食材。这些调配师自然也被来自世界各地的香气包围，他们对于味觉的感受也发生了变化。

在东印度公司（East India Company）解体后，怡和（Jardine Mathieson）等新兴船运公司源源不断地将这些食材运往苏格兰。这些船只还会带来茶叶，并将这里的威士忌运往世界各地，在销售时赚取佣金。

苏格兰威士忌也到了美国。调酒师杰里·托马斯的代表作蓝色火焰（Blue Blazer）鸡尾酒就是用苏格兰威士忌制作的。他在1862年的《调酒师指南》中，也将格兰威特或艾雷岛威士忌指定为苏格兰威士忌丝巾（Scotch Whisky Skin）和苏格兰热威士忌潘趣（Hot Scotch Whisky Punch）的基酒；在展翼之鹰潘趣酒（Spread Eagle Punch）中，他则选择艾雷岛威士忌与莫农加希拉黑麦威士忌混合使用。从他的配方中可以看出，在美国受欢迎的并不仅是调和威士忌，单一麦芽与调和麦芽威士忌也在19世纪的美国占据了一席之地。1853年，格兰冠（Glen Grant）来到了塞拉利昂，在那里同样大受欢迎。

从19世纪60年代往后，覆盖整个斯特拉斯贝地区的格兰威特在威士忌产品的口味上发生了变化。随着铁路进入这一地区，蒸馏师获取煤炭更容易了，从而减轻了对泥煤的依赖，也削弱了当地威士忌过于强烈的个性。人们开始兴建第二批工厂，依照调配师们的需求，生产这种风味更为清淡的威士忌。没错，在这一时期，调配师们通过对口味的观察，有了能够发号施令的地位。

到了19世纪末，亚历山大·沃克爵士（Sir Alexander Walker）开始用名称和风格整理他的库存，而不是依照产地。他的威士忌调配秘方相当简明，只给出了这些风味元素所占的比例。吉姆·贝弗里奇（Jim Beveridge）是尊尼获加（Johnnie Walker）品牌现任的首席调配大师，他认为，这说明他的前辈在创造以风味来定义的预调配桶装威士忌。

苏格兰威士忌调配师必须要创新，因为在流行程度方面，这时的苏格兰威士忌早已被它的爱尔兰同胞远远甩在了后面。

像图中的《"吧"里安娜》（*Bariana*）一样，19世纪末期的调酒师手册中，以苏格兰威士忌为基底的鸡尾酒很常见。

19世纪是爱尔兰威士忌的黄金时代，这很大程度上归功于城里的蒸馏商们创造的全新风格——壶式蒸馏威士忌。蒸馏商们将未发芽的大麦与发芽大麦混合，最初是为了逃避麦芽税。他们蒸馏厂的规模可以使生产的壶式蒸馏威士忌在风味与质量上保持一致，不论是卖给商人还是以自己的名义销售都是如此，并且每一瓶上都有蒸馏师的名字，作为对质量的保证。早在1862年，远在美国的杰里·托马斯就对爱尔兰的金汉斯（Kinahans）与尊美醇（Jameson）威士忌大加推荐。

在这之后，苏格兰威士忌调配师们有了重大突破。他们不再像原来一样，一味调配各种原酒、期待着最好的风味，而是将目光转向市场，探寻他们潜在的消费者们想要什么样的口味。众所周知，伦敦人的口味比格拉斯哥人要淡很多，因此詹姆斯·布坎南（James Buchanan，创建了黑白狗<Black&White>品牌）、詹姆斯·格林利斯（James Greenlees）与汤米·杜瓦（Tommy Dewar）都调配出了适合他们的新产品。

财富站在了他们这一边。1877年，葡萄根瘤蚜几乎摧毁了法国干邑地区的葡萄园。在人们重新建立葡萄园的20多年里，苏格兰威士忌与苏打水的搭配，已经取代了流行一时的白兰地苏打水。英国人发明的高球鸡尾酒，正是苏格兰调和威士忌所需的突破点。更重要的是，这种鸡尾酒受到了中产阶级的喜爱。至此，调和威士忌不光可以根据消费者的口味量身定制，也可以为了制作混合饮品而改变。

在1900年版的《调酒师手册》（*Bartenders' Manual*）中，纽约调酒师哈里·约翰森记录了7种苏格兰调和威士忌，以及相同数量的苏格兰威士忌鸡尾酒；1896年巴黎出版的《"吧"里安娜》中，列举了32种使用威士忌调和的饮品，其中22种特别提出需要苏格兰（或爱尔兰）威士忌。由此可见，威士忌远不只是用于净饮的烈酒，它还正在经由调酒师的妙手，变成不同的新模样。最大的惊喜来源于威廉·施密特（William Schmidt）1892年出版的《流动的碗》（*The Flowing Bowl*），它记载了一种叫作"Scubac"的法国混合饮品——没错，这是"生命之水"跨越英吉利海峡之后的新名字。

这些威士忌的全球销量稳步上升，这其中还有居住在苏格兰的犹太人的功劳，是他们在这个行业尝试了广告。1898年，汤米·杜瓦委托他们制作了全球第一支威士忌广告。而在10年之后，尊尼获加品牌被遗忘的英雄詹姆斯·史蒂文森

尊尼获加之所以能成为全球品牌，也是因为他们利用了全新的广告媒介。

两种法式"生命之水"

爱尔兰风格 法式"生命之水"
《葡萄酒与烈酒经营全书》（*The Wine and Spirit Merchants Own Book*）
C. C. 多纳特（C. C. Dornat），1855年著

精制"生命之水"："4个柠檬皮，欧白芷实、芫荽与绿茴香（即八角）各4打兰；肉桂9打兰；肉豆蔻干皮、丁香各2打兰。上述材料捣碎后，以6夸脱中性酒精浸泡5天，在水浴中蒸馏。枣、椰枣与马拉加葡萄干各4打兰，去核，加水熬煮，将汁液挤出，与蒸馏出的半成品混合。再加入24滴橙花油，放置两星期后过滤饮用。"

爱尔兰"生命之水"
《流动的碗》"唯一的威廉"（又名威廉·施密特），1892年著

"这种著名的甜酒在法国被称为'Scubac'，可以用多种方法制作。1盎司肉豆蔻、等量丁香及肉桂；2盎司小茴香，与之相同数量的葛缕子和芫荽捣成泥状；将这些材料放入蒸馏装置，再加入4盎司甘草根、23夸脱精馏清酒，以及4.5夸脱清水。在蒸馏后的酒液中加入番红花调色，以糖浆增加甜度。"

（James Stevenson），雇用了一家叫作保罗·E. 德里克（Paul E. Derrick）的广告公司，创造了深入人心的"行走的绅士"形象。世纪之交，苏格兰威士忌不再是一个小小的、阴冷潮湿的国家生产出的奇怪产品，它已经通过调酒与长饮，塑造了自己独一无二的金字招牌。

尽管第一次世界大战带来了酒厂强制关闭、加税和最低定价等种种困境，但两大竞争对手接连面对危机，1920年后的苏格兰威士忌脱颖而出，一举走到了最前列。

日本威士忌

1854年，美国海军准将威廉·佩里（Captain William Perry）的黑船开进横滨湾，强硬地打开了日本贸易的大门。他随船携带了一些液体"软化剂"来缓和与当地人的关系，这就是威士忌。同年3月15日，人们将一桶不知是来自美国还是苏格兰的威士忌献给了日本天皇。

在威士忌行业中，苏格兰是日本崛起最大的受益者。同样是在1854年，英国与日本签订了相似的协议，贸易商怡和在横滨开设分部，苏格兰与爱尔兰威士忌自然而然地成为横滨大酒店（Grand Hotel）酒吧里的热销品。这家酒吧也是日本第一家西式鸡尾酒吧。

1873年，岩仓使团的贸易代表结束了为期两年的任务，与西方建立商业关系后回国时，他们携带了一箱欧伯威士忌（Old Parr），东西方在威士忌方面的联系正式确立。19世纪末，来自格拉斯哥的船长艾伯特·理查德·布朗（Albert Richard Brown）首次为日本海岸测绘。不久之后，阿伯丁工程师亨利·布伦顿（Henry Brunton）在这里规划、建造了灯塔，巡逻任务则交给了由人称"苏格兰武士"的托马斯·布莱克·格洛弗（Thomas Blake Glover）建造的战舰，这些战舰都搭载了格拉斯哥工厂的武器与装备。

这些关系让当时市场上的主流苏格兰调和威士忌迅速在日本流行开来。1907年，詹姆斯·布坎南公司得到了天皇的担保，公司推出的皇室家族（Royal Household）调和威士忌也成了日本的专供产品。与此同时，日本企业也开始像美国的精馏师们那样，尝试用各种各样的调味、香料和精油，把中性酒精调出洋酒的味道。著名日本威士忌资讯博客"Nonjatta"有一段有趣的记述：1918年，一支美国军队

竹鹤政孝（Masataka Taketsuru）是日本威士忌的奠基人之一，图为他与他的苏格兰妻子丽塔的合照。

在北海道上岸休假期间，由于太过沉迷于一款叫作乔治女王（Queen George）的日本"洋酒"威士忌而遭到抨击。

而对于年轻的鸟井信治郎（Shinjiro Torii）来说，他的梦想并不是"洋酒"，而是在日本蒸馏的、真正的威士忌。1919年，他开始将这个梦想付诸实践。他并非孤身一人。在他开始行动的前一年，一位来自广岛的年轻人远渡重洋，前往格拉斯哥学习深造。这个受雇于摄津酒造（Settsu Shuzou）的年轻技师名叫竹鹤政孝，出国留学的目的正是学习苏格兰威士忌的蒸馏技术。在数家蒸馏厂工作后，他在1920年带着他的苏格兰妻子返回日本，却失望地发现摄津酒造受困于资金问题，不可能建一座新的威士忌蒸馏厂。

然而，当时的鸟井刚好在京都附近的山崎置办产业，而竹鹤成为厂长的不二人选。在1929年，鸟井的企业（三得利公司的前身）推出了首款日本生产的威士忌——白札（Shiro Fuda）。由于烟熏感和口味过于浓烈，并不适合东方人的口味，这款酒的销量并不理想。不久之后，竹鹤离开了鸟井的企业，在北海道创办了自己的公司和蒸馏厂，后来发展成为今天的一甲（Nikka）。

鸟井认识到日本威士忌必须融入本土的美学，符合日本人的习惯：轻盈、适合配餐，在炎热而潮湿的夏季清凉解暑。

1937年，他的企业推出了角瓶（Kakubin）威士忌，作为鸟井关于威士忌本土化的"答卷"。它至今仍旧是日本销量最高的品牌。

日本威士忌真正的成长出现在1945年后。起初，产量的增加是为了满足驻日美军对于烈酒的需要，但随着经济稳步恢复，各种风格的威士忌逐渐成为新兴日本的标志。

1952年，鸟井开始经营名为"鸟"（Torys）的连锁酒吧，用以推广自己的威士忌。在这20年中，包括轻井泽（Karuizawa）、白河（Shirakawa）、川崎（Kawasaki）等在内的新兴蒸馏厂如同雨后春笋，诸如轻井泽海洋（Ocean）、凛（King）与一甲黑胡子（Nikka Black）等日本国产威士忌涌入市场，而这一切火热景象的背后是一种全新的饮用方法——水割（Mizuwari）威士忌。它的制作方法并不复杂：长饮杯、威士忌、冰和大量的水，用吧勺简单调和即可。这种做法让威士忌能与各色美食一同享用，更可以让人大杯畅饮，它成为忙碌的日本上班族的重要"燃料"，并且再一次印证了鸟井坚信的理念。

这种做法让威士忌在日本享受了近40年的繁荣时期，不论是本土还是进口的产品都有着广阔的市场。宫城峡（Miyagikyo）和白州（Hakushu）等蒸馏厂也崭露头角，后者甚至一度是全球规模最大的麦芽蒸馏厂。20世纪80年代，仅仅是三得利老牌威士忌（Suntory Old）一款产品，在日本的销量就达到了1240万箱。

然后，到了1991年，日本的"泡沫经济"破灭，让调和威士忌的市场陷入了近20年的停滞。威士忌成为一种过去的饮品，只会出现在老人家、父辈乃至祖辈的酒桌上。蒸馏厂纷纷停产倒闭，品牌也经历了一次大洗牌。然而，日本威士忌在酒饕们心中的地位却水涨船高。这个东方国家长期以来对威士忌的热情，加之日本人对细节的追求，让日本酒吧成为世界上最伟大的威士忌宝库，其中的调酒师们也守护着最经典的调酒技术。威士忌爱好者们开始纷纷前往东方的神秘"神殿"，踏上"朝圣"的旅途。

经济衰退也并非全无好处，除了席卷行业的灭顶之灾，它还让存活下来的蒸馏厂开始探索出口生意。日本厂商出口的大多是单一麦芽威士忌，并且很快就得到了全球市场的认可。这是希望的曙光。在21世纪伊始，日本威士忌也再次在国内崛起。这次的转折点同样出人意料：高球鸡尾酒。

威士忌：1920—2000年

　　有人说，禁酒令实际上是美国的又一次饮酒狂欢，但这是不真实的。到1929年，美国的酒类消费量比1915年各州开始禁酒的时候还要低。同时，禁酒令还让美国人的饮酒习惯发生了改变，饮酒者们的追求从啤酒变成了烈酒，阻止了这个行业长达75年的下滑。1922年，藏在阿巴拉契亚山脉中的非法蒸馏厂运作得热火朝天，都无法满足市场的需要。20世纪20年代后期，大城市的住宅中涌现出一批"酒锅"，这些简易蒸馏设备使用的原料来自玉米制糖工业，而这项工业的年销售量由1921年的15万2千磅神秘地扩大到将近100万磅。每加仑的"月光酒"（私酿的玉米威士忌新酒）的成本大约是50美分，而蒸馏商卖给经销商的价格大约是2美元。经销商再以每个子弹杯25美分（或每加仑40美元）的价格，在地下酒馆出售这些烈酒——赚钱真是又快又容易。

　　不法商人还将视线转向了工业酒精。一些酒贩模仿19世纪没那么体面的"精馏师"，在工业酒精中加入焦糖、梅汁等配料，制作所谓的"苏格兰威士忌"。他们甚至还会依据

尽管禁酒令执行官们下了不少功夫，但这段时期的威士忌销量不降反升。

在禁酒令时期的地下酒吧里，增加的不光是烈酒消费，还有前来饮酒的女性顾客。

挑剔主顾的需求，在假酒中掺入杂酚油，调配出人们想要的烟熏味。

当然，真正的进口苏格兰威士忌也从美国的边境渗入，这一领域最大的玩家是DCL（帝亚吉欧公司的前身）。为了保障旗下苏格兰品牌的声誉，他们曾试图控制这种"特别贸易"，将手中的品牌分为一级和二级，并且要求经销商在订购高级品牌时，必须同时订购二级品牌。这家公司还尝试控制价格，并对所谓的"进口商"进行审查，以求让苏格兰威士忌远离黑帮之手。

来自加拿大的亨利·哈奇（Henry Hatch）和山姆·布朗夫曼（Sam Bronfman）也不断往美国运送威士忌，但人们并不认为他们这样的加拿大进口商是私酒贩子。1923年，哈奇买下了古德哈姆＆沃兹酒厂（Gooderham & Worts），并在1926年接管了海勒姆·沃克的产业。到了寂静的夜晚，"哈奇海军"就会满载威士忌货箱，驶过安大略湖前往美国。

山姆·布朗夫曼则是在1923年，和他的兄弟哈里（Harry）一起开始了作为调配师、经纪人和DCL旗下品牌分销商的职业生涯。两兄弟的事业也延伸到了国境线的另一边。1928年，在布朗夫曼兄弟实际收购了施格兰品牌后，20世纪强大的酒业帝国之一诞生了。对于加拿大当局来说，哈奇和布朗夫曼的生意是完全合法的，当局只在乎他们在加拿大支付的关税。

在美国人的禁酒令"狂欢"中，唯一缺席的进口品类是爱尔兰威士忌。20世纪20年代初期，爱尔兰正将自身建设为一个独立的国家，尽管是一个没有威士忌产业的国家。新政府急于增加收入，对威士忌征收了极其高昂的税，对大英帝国出口的中断更是让情况雪上加霜，辉煌一时的酒厂纷纷破产倒闭。20世纪20年代，乔·肯尼迪（Joe Kennedy，曾经的美国总统约翰·肯尼迪的父亲）前往都柏林，希望与尊美醇和波尔斯（Powers）签署对美国的分销协议。然而，两个品牌都认为这项交易是违法的，因此协议未能达成。这是当时爱尔兰威士忌最后的希望，但这个希望落空了，禁酒令时期的美国市场也彻底被苏格兰威士忌占领。尽管有地理位置上的优势，但在这一时期，加拿大威士忌的销量也不曾像苏格兰威士忌那样大幅增长。

那是一个好时代。到1929年，纽约的地下酒吧的数量已经比10年前的合法沙龙多出一倍。在这些地方消费的人们的饮酒习惯也发生了变化。他们沉浸在私酒、大麻和可卡因的狂欢中——至少许多有钱人都是如此。不过，也的确只有富人才能负担得起翻了10倍的酒水价格，以及地下酒吧的奢靡生活。那个年代，在颓废的享乐胜地喝个烂醉，成为一种荣誉的"勋章"。

一个全新的世界似乎正在悄然形成。雪克壶（摇酒壶）中冰块摇动的声音，为慵懒的爵士乐打起节拍。女性顾客也开始在有执照的场所消费，她们的笑声就是这音乐中的优美和声。美国的禁酒令时代见证了一种充满反叛精神的青年文化的兴起。这个时代充满了可能性，只要你有钱，就能得到想要的一切。不过，就算你是个穷光蛋，也可以用黑作坊的"酒锅"里酿出的劣酒来买醉。

而在苏格兰威士忌的故乡，蒸馏产业正经历着变革。其中重要的事件之一，是1925年DCL与布坎南、杜瓦与沃克这三大调配商的合并。但这并没对混迹在伦敦和巴黎的时尚夜总会里那些"聪明的年轻家伙"造成太大影响，也正是这些消费者促成了这些场所对调和苏格兰威士忌的"实验"。1933年，调酒师哈里·克拉多克的《萨沃伊鸡尾酒手册》列

《萨沃伊鸡尾酒手册》（*The Savoy Cocktail Book*）记录了20世纪30年代传奇调酒师哈里·克拉多克（Harry Craddock）的配方，该书是威士忌鸡尾酒的宝库。

举了45种使用苏格兰威士忌的鸡尾酒，使用加拿大黑麦威士忌的也有40种。1937年，伦敦的皇家咖啡店（Café Royal）供应33种苏格兰威士忌饮品，同样数量的波本饮品，以及34种用加拿大威士忌调制的饮料。与苏格兰威士忌有关的饮品最为"公道"——有人喜欢净饮，但更多人选择高球的做法或其他种类的鸡尾酒。

禁酒令进行一段时间后，恰逢美国的大萧条时期。不出所料，在这片"荒野"上，许多曾经的蒸馏商都选择了退出。然而，还有些人逆流而上，选择重新开始：比姆（Beam）、塞缪尔斯（Samuels）和布朗（Brown）几个家族的血管中都流淌着威士忌，而爱汶山（Heaven Hill）的沙皮拉（Shapiras）家族则充满远见卓识。这些家族都需要从零开始。在设备重启与成品上市的间隙，苏格兰威士忌的市场占有量越来越大，加拿大的主要玩家们也开始蠢蠢欲动。在巅峰时期，施格兰家族拥有13家位于美国的蒸馏厂，1943年收购的四玫瑰（Four Roses）就是其中之一。

而就在美国威士忌再次开始蹒跚而行时，第二次世界大战打响，生产一度又进入了停滞。而在大西洋的彼岸，英国政府却仍旧有条不紊地掌控着苏格兰威士忌的出口。每年都会有约300万加仑的苏格兰威士忌漂洋过海，远赴受到战火侵扰的美国。战后，这种以出口为重点的策略仍在继续。1945年，温斯顿·丘吉尔（Winston Churchill）说：

> "绝不能减少用于制造威士忌的大麦。威士忌需要多年时间才能熟成，是宝贵的出口商品，可以赚取大量利润。"

调和型产品不但拯救了苏格兰威士忌，在国家战后复苏的过程中也发挥了不可磨灭的作用。

令人庆幸的是，尽管禁酒令改变了美国人的口味，但他们仍然需要苏格兰威士忌。黑麦威士忌几乎退出了舞台，纯波本也在艰难求生。他们最大的需求是口感干净轻盈的烈酒：例如美国的七冠（7 Crown）、加拿大的加拿大俱乐部和皇冠（Crown Royal）威士忌，还有来自苏格兰的顺风威士忌。后者是调配师查尔斯·H. 朱利安（Charles H. Julian）在1923年为贝里兄弟（Berry Bros）调配的作品。在1933年，这位调配师又为葡萄酒商贾斯特里尼＆布鲁克斯（Justerini ＆ Brooks）特别调配了一款威士忌，后来这一品牌发展成了我们熟知的珍宝（J&B Rare）。

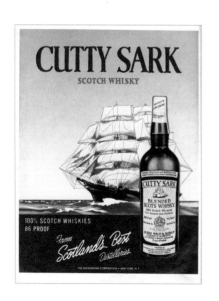

顺风威士忌（Cutty Sark）等品牌问世，是为了迎合美国人的清淡口味。

这些口味清淡的品牌，加上禁酒令和一战期间树立了良好形象的苏格兰品牌（特别是彼得·道森的品牌、杜瓦的帝王威士忌以及沃克的尊尼获加红牌威士忌）都经历了一段快速发展时期。1954年，同样是由查尔斯·H.朱利安为山姆·布朗夫曼调配的芝华士12年（Chivas Regal 12 year old）也加入了它们的行列。调和苏格兰威士忌如果不能适应人们的口味，也就一无是处了。因此，在一点苏打水的加持之下，它们统治了整个美国。

那些一边喝着烈酒、一边畅所欲言的日子一去不复返。20世纪50年代，美国开始严肃起来，集中力量发展经济。这段时间，苏格兰威士忌获得了一个很难摆脱的名声：调制鸡尾酒世界的不速之客。

1958年，著名调酒分析家戴维·恩伯里（David Embury）就感觉到：

> "由于有着显著的烟熏气味，大多数苏格兰威士忌并不像黑麦或波本那样，适合调制不同口味的鸡尾酒。它们更适于净饮或制作高球鸡尾酒……（尽管）有人认为苏格兰威士忌和苏打水是绅士的饮品，而美国威士忌适合平民或劣等人，这样的迷信是如何（产生的），我们都难以确定。"

他的观点在某种意义上是正确的。苏格兰威士忌可能赢得了胜利，不过在"取胜"的道路上，它也过早地把自己变成了一种安全的"绅士"饮品，只存在于中年人的酒桌上。苏格兰威士忌可以用于调酒，但不可否认，它也确实适合净饮。

苏格兰威士忌最后一次作为潮流出现在人们眼前，是在伊恩·弗莱明（Ian Fleming）的《007》系列中。詹姆斯·邦德（James Bond）最爱的酒不是著名的马天尼（Martini），而是苏格兰威士忌加苏打水。在《007之霹雳弹》（Thunderball）原作中，他喝了11杯这样的酒，醉得不省人事；然而，在20世纪60年代改编成电影时，这位特工先生喝的却是白酒，这也说明了苏格兰威士忌的形象不再时尚。

调和苏格兰威士忌仍旧是上层社会的默认选择，但在20世纪60、70年代之交，它也成了抑郁和不可信赖的家伙的代名词。美国著名电视剧《达拉斯》（Dallas）中，J.R.尤因（J.R. Ewing）喝威士忌，而博比·尤因（Bobby Ewing）不喝。在乡村和蓝调音乐中，威士忌也成了迷茫、伤心和苦闷的人的避难所。威利·纳尔逊（Willie Nelson）的歌中就唱出了这样的内容：

"威士忌河，请将我的忧愁带走，不要让她的回忆将我折磨。威士忌河，请你不要干涸，失去你我将一无所有。"

这是首好歌，但绝不适合用来推广这种饮品。

嬉皮士们也不再喝苏格兰威士忌。在需要营造叛逆的形象时，那些摇滚明星会立刻抓起装在方形酒瓶中的田纳西威士忌。苏格兰威士忌只能在鸡尾酒单上沾沾自喜，然而，有一种完美的后现代主义烈酒来势汹汹——伏特加这种将"没有味道"化为优势的烈酒，用浮于表面的感受战胜了层次，就此控制了原属于威士忌的天下。

20世纪70年代末，苏格兰威士忌各大主流市场的销量大幅下滑，但销售部门拒绝接受这个事实。就算消费者们开始抗拒"父辈"的饮品，这种烈酒的产量还是居高不下。供过于求的问题越来越大，在1982年到达临界点。需求合理化的代价是残酷的，大批蒸馏厂未能挺过这场劫难。

然而在这段低谷期，还有种种迹象让人们看到了威士忌摆脱危机的希望。苏格兰威士忌本身再次发生了改变，而这次它交出的答卷不再是调和型产品，而是单一麦芽威士忌。尽管早在19世纪就有人销售单一麦芽威士忌，但它的市场到20世纪70年代末才开始成形。格兰菲迪（Glenfiddich）、格兰威特、麦卡伦、格兰冠，以及帝亚吉欧旗下强势的经典麦芽（Classic Malts）系列，改变了市场的格局。单一麦芽威士忌讲述了一个新的故事：关于起源、历史、风土和丰富的口味。不再需要复杂的配方，只要少许清水就可以品尝的"故事"。净饮威士忌的时代来了。

麦芽威士忌开创了一个注重浓郁风味的时代，而这个趋势也为美国波本生产商所重视。一波强势的、口味丰富的优质波本也登上了舞台。这个行业最新的、或许也是最令人惊喜的一次变革，已经准备就绪。

威士忌：今天

后佛朗哥时代的西班牙，那里新一代的年轻人和其他地方一样生而叛逆，他们摒弃了父辈喜爱的白兰地。出于经济方面的考虑和年轻人的热情，这些人选择将调和苏格兰威士忌兑上可乐长饮。对于成熟市场来说，这种喝法实在是太奇怪了，但它被很多地方效仿，例如俄罗斯、南非，以及经济快速发展的巴西、委内瑞拉和中国。

　　在这些广阔的新兴市场中，苏格兰威士忌是成功的代名词，也有了各种各样的饮用方法：在巴西，人们用威士忌搭配椰子水；南非人选择可乐或苹果汽水；中国有用绿茶搭配威士忌的尝试；而俄罗斯人也用上了可乐。调和威士忌再次成为正确场合的正确味道。即使在日本，年轻人也开始重新青睐传统的威士忌喝法——高球。威士忌从来不是一种只能净饮的烈酒，与之相反，它一直在不断自我改造，适应饮酒者不断变化的需求。

　　与此同时，成熟市场正继续朝单一麦芽威士忌转变。随之而来的还有波本、黑麦威士忌，以及刚刚复苏的爱尔兰威士忌。最近，加拿大的威士忌产业也重新加入了"战场"。

　　尽管父辈还将各式威士忌拒之千里之外，但这一代人重新发现了威士忌，并且对饮用、调制和制作方式没有任何顾虑。新世纪伊始，威士忌市场不光见证了销量的大幅增长，它的生产也走向了世界：从欧洲各国到澳大利亚，从南非到中国，最值得一提的还是美国——200多家手工精酿蒸馏厂在这片土地上遍地开花。这些蒸馏厂制造的都是适合本土的威士忌，不是在模仿，而是在创造属于自己的辉煌。

新一代手工精酿蒸馏商迅速席卷了美国的威士忌市场。照片拍摄于布鲁克林的国王郡蒸馏厂（King's County）。

威士忌：基本要素

威士忌从来就不简单。但就算是最为复杂精致的威士忌，也能给你"当头一棒"。它引人瞩目，有优势、有态度，也风味十足。它可以是奢侈品，也可以是肮脏酒杯里的两指浊酒，但它决不会平平无奇。此刻，全球各地就有许多人正围坐在小圆桌边，人手一杯侃侃而谈。威士忌总是如此。

20世纪70年代，英国朋克杂志《嗅胶》（Sniffin' Glue）中有这样一段话："这里有两个和弦，学会它们。好了，现在可以组个乐队了。"威士忌也可以进行这样的简化：酿点啤酒，在铜壶里煮沸，倒进木桶里，放一段时间。搞定，现在可以喝了。

很显然，制作威士忌还需要更多步骤，不过从最简单的角度来看，几百年来的威士忌就是这样做出来的。每个蒸馏师对这些步骤都有独特的见解，也有各自不同的操作方法与配方。是他们个人的理解，让威士忌变得如此美妙。

本书并不会教你如何蒸馏威士忌，而是要向你展示它们的风味和乐趣。然而，如果想要真正理解这种风靡全球的烈酒，你需要了解这种奇妙的"炼金术"的基本原理。土地（谷物与泥煤）、水、火（蒸馏）与空气（熟成），这些元素相互作用，从而创造出有着极其丰富的口味、性格与风格的饮品。作为一个享用美酒的人，只有了解这些最基础的要素，才能明白如何更好地享受杯中的威士忌。

谷物

　　威士忌是一种谷物烈酒，但这只是事实的一部分。可以制作威士忌的谷物品种越来越多，而每一种都在其风味和质地上发挥着不同的作用。大麦或黑麦的一粒种子，或是一个玉米粒，也许都不那么起眼，但它们变成面包和食物的过程却非常伟大。人们推测，啤酒就是苏美尔时代的人们制作面包时产生的副产品。历史上，由于谷物的重要性，威士忌蒸馏曾数度被禁止。这些谷物变成食物可以填饱肚子，但经过酿制或蒸馏，它们就能让我们开心起来。

　　所有的谷物都含有丰富的淀粉。蒸馏师的任务，就是获取那些淀粉，再将它们变成富含糖分的溶液。直接煮熟谷物就可以获得淀粉，也可以把谷物磨碎，再在大桶中与热水混合。

　　在溶液形成后，蒸馏师就可以在里面加入酵母，开始制酒。从淀粉到糖，变化是如何发生的呢？这要归功于谷物发芽过程中产生的淀粉糖化酶。

制作威士忌的第一步，就是磨碎谷物，取得其中的淀粉。

调和型威士忌

调和型威士忌是由谷物威士忌（用玉米、小麦等谷物为原料制作的高度酒，口味较淡）和口感更为浓郁丰富的威士忌精心混合而成的。在苏格兰和日本，后者通常是麦芽威士忌；在爱尔兰，麦芽威士忌和当地特有的壶式蒸馏威士忌都可以用于调和；而在加拿大，制造商们通常会选择黑麦威士忌。

大麦

大麦基本上是所有的威士忌共有的要素，这主要是因为这种谷物容易发芽，并且富含糖化所需的酶。首先，把大麦浸泡在水中，这样会让大麦种子"认为"自己该生长了。然后，这些种子就开始生长发芽，准备将淀粉转化成糖类。这些糖类原本是推动绿色嫩芽生长的，但在那之前，种子的发育就会在淀粉没有损失的情况下被终止。

这时，工人们就可以以将谷物磨碎，加入热水，让酶发挥作用，将淀粉转化成可以发酵的糖。

单一麦芽威士忌完全由麦芽制成，其中明显的清爽谷物香气就来自于大麦本身，通常是各种不同香气和风味的背景。在龙康得（Knockando）和布莱尔阿苏（Blair Athol）等品牌中，大麦的香气更是相当明显。

知更鸟（Redbreast）和绿点（Green Spot）等爱尔兰纯壶式蒸馏威士忌是由发芽大麦和未发芽的大麦混合制成的，前者负责将淀粉转化成糖分，后者则带来了油润、辛辣的口感和苹果、黑加仑的香气。由于发芽大麦中含有大量的淀粉糖化酶，它还是苏格兰、爱尔兰和日本的谷物威士忌，以及波本、黑麦威士忌和加拿大威士忌中的必要成分。

玉米

毫无疑问，玉米是玉米威士忌的必备原材料，纯波本和田纳西威士忌的谷物原料中也必须含有51%以上的玉米。它也是加拿大调和威士忌的基底中最常用的谷物，还被应用在爱尔兰、日本和部分苏格兰威士忌中。

处理玉米的第一步是将它煮熟，从而软化淀粉，这与平时我们煮马铃薯的过程相似。如果需要使用其他谷物，就在这一步之后把它们加入原料，再加入能够转化淀粉的发芽大麦。玉米烈酒质感丰润甜蜜，散发着热爆米花、奶油玉米和奶酪玉米片的诱人香气，会让在意体重的人忍不住开始计算热量。

由于每种谷物都有各自的味道，谷物原料中的玉米越多，酒体就越柔润甜美；相反，其中的黑麦越多，酒体就越辛辣刺激。因此，蒸馏师可以通过调整玉米和黑麦（或小麦）的比例，在蒸馏早期就为成品的风味打下基础。

小麦

如今的大多数苏格兰谷物威士忌都会使用小麦，然而它的重要性却常常被忽视。小麦在加拿大威士忌中也扮演着重要角色：它是该国第一个商业品牌的基础；如今也常用于调味威士忌；另外，也被海伍德（Highwood）用于基底威士忌。

包括美格（Maker's Mark）、威廉罗伦（WL Weller）和老菲茨杰拉德（Old Fitzgerald）等在内的一些纯波本，会用小麦来代替黑麦。而金翰小麦（Bernheim Wheat）更是一款小麦比例高达51%的纯小麦威士忌。它在口味上不如玉米威士忌那么圆润，但小麦带来的是不同的柔美口感、甜美的花香以及稍显紧涩的尾韵。

黑麦

你绝对无法忽视黑麦在威士忌中的存在，因为它并不是一种羞于展现自己的谷物。如果你喝下一大口波本，却不知为什么最初的圆润口感会陡然变化，变得强烈浓郁、带有刺激的香料味和唤醒味蕾的酸度，那现在告诉你，这是黑麦在大声向你打招呼。

黑麦威士忌是风靡美国的第一种谷物威士忌。在70年的沉寂之后，市场对于口味强烈的威士忌的需求增加，让这种烈酒重返舞台。纯黑麦威士忌中的黑麦含量必须不少于51%，萨泽拉（Sazerac）、瑞顿房（Rittenhouse）和老奥弗霍尔德（Old Overholt）就是很有代表性的产品。另外，还有一些使用100%发芽黑麦的威士忌，例如老波特雷罗（Old Potreto）和艾伯塔精品（Alberta Premium）等。在加拿大威士忌中，黑麦多数用来调味，也偶尔用于基底威士忌（这也是艾伯塔蒸馏厂的做法）。

其他谷物

燕麦：直到18世纪，它还是苏格兰威士忌中的宠儿；在爱尔兰，它被广泛应用到了20世纪。而今，燕麦重现在了一些德国、奥地利和美国的蒸馏厂中，其中包括海威斯特（High West）、科沃（Koval）和水牛足迹（Buffalo Trace）。这种谷物带来的味道干净清爽，稍带苦味，同时有着真正的奶油感，就像我们平时见到的燕麦粥那样。

用以制作威士忌的谷物种类非常多。

荞麦：理论上，它更像是一种草，但也获准成为威士忌的原料。18、19世纪的苏格兰，谷物威士忌中常常见到荞麦的身影。而如今最好的例证则来自法国布列塔尼，那里出产的埃杜（Eddu，当地语言中荞麦的意思）就是一款荞麦威士忌。这种谷物制造的烈酒气味芳香，但也能带来类似黑麦威士忌的强烈香气以及香料风味的"大爆炸"。

黑小麦：它是黑麦与小麦的杂交品种，偶尔会在加拿大威士忌中使用。毫不意外，它为酒体带来的风味也介于两者之间。

小米：这种谷物会为酒体赋予坚果风味，但纳什维尔的海盗船（Corsair）蒸馏厂的谷物大师达雷克·贝尔（Darek Bell）认为小米带来的口感非常顺滑，"老一辈人都相信，小米可以用来酿制品质卓越的月光新酒"。

斯佩耳特小麦：贝尔也用这种低麸质谷物进行过尝试，他发现用它制作出来的酒体口感紧致，并且具有比小米更明显的坚果特征。

藜麦：截至我写下这段文字的时候，海盗船是我所知道的唯一一家尝试用藜麦制作威士忌的蒸馏厂。贝尔说，藜麦能够"为威士忌带来泥土和坚果的口味"。

烟

对于威士忌来说，风味是重中之重。而不论蒸馏师或调配师在世界的哪个角落，他们以各自独特的方式，雕琢出特别的味道，让作品变得独一无二——这是威士忌制造的真谛所在。选择谷物的种类是这趟旅程的起点，下一站则是决定要不要让威士忌带有烟熏味，至少全球每个单一麦芽威士忌制造商都会这样做。烟熏味并不是威士忌的必需品，它只是风味选项中的一部分。

威士忌的烟熏味是在加工的初期出现的。在烘干发芽大麦时，烟的源头就有它自己的味道。数千年来，沼泽中堆积了大量未被分解完全的植物。由于这种环境中的氧气不足，用以分解有机物的微生物难以生存，因此植物不能完全分解，而是渐渐腐烂，在现今所见的泥煤层中堆砌起来。人们会挖出这些泥煤进行烘干，作为煤炭的替代品。

由于苏格兰高地与岛区都没有煤炭，在铁路还没通到高地的年代，蒸馏师们烘干麦芽时只能用泥煤作为燃料，因此

用燃料生火以烘干麦芽，会为最终的酒体带来明显的烟熏味。

他们制作的威士忌都带有烟熏的味道。后来，烟熏成为这些产区的威士忌代表性的风味，但并不能说这种烟熏味是天然形成的。

烟熏气息并非来自谷物和水源，而是来源于泥煤的燃烧。燃烧产生的烟雾中带有一种油（又被称作酚类），油脂附着在潮湿的大麦种壳上，为它们带来特别的味道。燃烧过程中产生的烟越多，最终威士忌的烟熏味就越强烈。

回想一下，泥煤是由5000多年前生长在土地上的植被形成的。这种特殊的燃料看起来就像黑色的泥土，却是储存风味的宝库。打开一瓶高原骑士（Highland Park），你可能会在烟熏味之中嗅到石楠、沼泽地、龙胆以及浓郁的芳香。而高原骑士品牌使用的奥克尼群岛泥煤恰好是由大量的石楠形成的，这是巧合吗？艾雷岛威士忌强烈的烟熏感中大多含有焦油、草药和海岸的气息，这应该也来自当地由海洋植物形成的泥煤。由于内陆地区的泥煤大多是由木本植物构成，这里的威士忌中的烟熏味更像森林中的篝火。

泥煤并不苏格兰独有的。它在爱尔兰威士忌中曾经很常用，库利蒸馏厂（Cooley）出品的康尼马拉（Connemara）品牌近年还复兴了这种传统。日本的蒸馏厂也会使用泥煤，但只有秩父（Chichibu）一家蒸馏厂使用的泥煤来自本地。澳大利亚塔斯马尼亚岛上的泥煤带有一种特别的花香，为拉克

丰富的水资源让布什米尔（Bushmills）成为以磨坊著称的地区，同时这里还拥有一家著名的威士忌蒸馏厂。

（Lark）等品牌的产品赋予了富有异域风情的芬芳。实际上，整个北欧都有泥煤资源分布，它们还存在于非洲的刚果和卢旺达等地，因此，我们将来也许能从威士忌中感受到更多全新的香气。

泥煤也不是烟熏气息的唯一来源。在美国，新兴的手工精酿蒸馏商们探索的不仅是讨人喜欢的烟熏味，更是一种足以将他们的威士忌定义为"美国威士忌"的味道。他们尝试过许多不同的木材，产自美国西南和墨西哥的牧豆树当仁不让地成为这条新战线上最具代表性的风味来源。

水

如果只有干谷物，你永远也不可能做出威士忌。因此，你需要水，确切地说是热水。在酿制过程中，热水起到的作用有二：第一，它们会将谷物加热"烹煮"，液化淀粉；第二，激活淀粉糖化酶，再将谷物中的淀粉转化成糖类。

蒸馏商们也会在水源上做很多文章。他们需要大量的用水，并且要求水质纯净，避免产生任何可能污染威士忌的物质。这也是每家蒸馏厂都会有自己的水源地的原因所在。

每种威士忌的风味都是由各种不同元素交织而成的。对于最终的酒液，水本身不会在风味构成中占据主要席位，但其中的矿物成分确实会影响酵母在糖化后的麦芽汁中的作用效果。

苏格兰最常见的软水并不见得比较"硬"的水源更加优秀。美国肯塔基和田纳西州就是水质很硬的地区，而使用这里的水能够对发酵产生积极影响（见下页）。在整个蒸馏过程后期，蒸馏师需要在冷凝器中加入大量冷水，让蒸馏器中的酒精蒸气重新凝结成液体。这又是一个需要大量用水的工序。

酵母

到这一步为止，谷物本身和烘干谷物的方式，已经让不同的风味渗入到最终的酒体之中。然而大多数威士忌的味道与下一个步骤更是息息相关——发酵。在麦芽汁中加入酵母，在合适的环境下，酵母会分解糖分，将其转化为酒精、二氧化碳和热量，而发酵后的麦芽汁成为酒醪。

然而，单纯说"酒精"难免有失偏颇。酵母在这里作出的真正"贡献"是带来各种不同的味道。简单来说，酒醪在发酵罐中停留的时间越长，最终酒体中的水果味就越明显。蒸馏师们之所以能创造出特定的味道，正是因为他们对不同时间产生的味道了如指掌。

美国肯塔基州与田纳西州较硬的水质降低了麦芽汁的酸度，让酵母没那么容易发挥作用。为了解决这个问题，这些地区的蒸馏师还会把蒸馏后留下的酸性液体加回发酵罐中，也就是我们所说的酸醪。

酵母的种类也会产生影响。由于多年以来，苏格兰的蒸馏商普遍使用的都是同一种酵母，因此酵母并不是每家蒸馏厂独特味道的来源。而在其他地区，酵母是最终酒体风味的重要组成部分。大多数蒸馏师使用的是酒厂特有的菌种，甚至可能每一种酒醪都有各自"专用"的菌种。

例如，肯塔基州的四玫瑰蒸馏厂有2种酒醪和5种酵母，它们可以创造10种个性十足的基酒，再把它们调和到一起。

铜

蒸馏就是把啤酒变成威士忌的过程。发酵结束后，酒醪会成为由9%（ABV）的酒精与91%的水组成的液体。然而在蒸馏之后，酒精度会升至高达60%（ABV）以上。这是由于酒精的沸点比水要低（酒精的沸点约为78.5℃，而水的沸点是100℃），因此蒸馏器中的酒精会比水更早转化为蒸气。蒸馏的过程会将大部分的水与酒精分离。更重要的是，目前为止形成的味道不再稀释在水中，而是变得更加集中。

这样的"魔法"发生在用铜制成的蒸馏器中。这一阶段，蒸馏师需要决定在他们的作品中留下哪些风味，将其余的味道剔除，而铜就是他们忠实的帮手。

铜的特点和功能有很多，它在蒸馏中发挥的作用可以说是最为显著的。在酒精蒸气沿蒸馏器内壁上升的过程中，铜能将其中较重的元素牢牢吸附住。也就是说，蒸气与铜表面接触的时间越长，最终的酒体就越轻。因此，与规模较小的蒸馏器相比，更高的蒸馏器会为酒体带来更加轻盈的特点。蒸馏器的规模与形状，对最终风味的形成至关重要。

常见的蒸馏器主要是以下两种。

壶式蒸馏器

如果有一位掌握着蒸馏技术的早期炼金术士穿越到今

许多威士忌中的主要风味是在发酵过程中形成的。

天，他也一定能认出我们今天使用的壶式蒸馏器。尽管现在的蒸馏器规模更大，还添加了更为精密的额外结构和冷凝系统，但它们与其祖先在功能方面完全相同。顾名思义，在烈酒还需要走私的年代，这些壶式蒸馏器可以"无辜"地当作大型的铜制水壶或炊具来使用。

使用壶式蒸馏器制酒时，酒醪被放置在蒸馏器的"壶身"部分。开始加热后，酒醪中的酒精形成蒸气，沿着蒸馏器颈部上升到冷凝系统中。传统蒸馏器使用的多是虫桶（worm tub）冷凝系统，充满蒸气的管道被浸泡在一个装有冷水的大桶中。酒精蒸气遇到冰冷的管道表面，就会重新凝结成液体，在酒精度上升的同时，先前形成的风味也会加强，但酒醪浑浊的色泽不复存在。看着从蒸馏器中流出的纯净酒液，你或许马上就能明白"生命之水"的含义。

第一次蒸馏形成的低度酒（low wines）其酒精度大约是23%（ABV），但其中还保留着一些需要祛除的杂质和异味。上述过程再重复一次之后，酒体变得更加纯净的同时，酒精度也会再次升高。爱尔兰壶式蒸馏威士忌和布什米尔、欧肯特轩（Auchentoshan）和哈索本（Hazelburn）等品牌的单一麦芽威士忌还会采用第三次蒸馏，让酒体更为清爽。

在蒸馏的最后，蒸馏师需要决定该留下什么风味入桶陈酿。最初凝结的酒液风味太过强烈，酒精度也太高，会被分流到其他容器中。蒸馏过程最后的油腻液体也不需要保留，同样会被分流到其他容器中。

中段的液体则纯净清爽，富含多种风味供蒸馏师挑选。其中不止含有乙醇，还有重量不同的各种风味物质。最先出现的是最轻的，也是最为温柔的芳香，而烟熏味这类较重的风味会"姗姗来迟"。经验丰富的蒸馏师深谙此道，他们熟知各种风味出现的阶段，能够取得这段酒心（middle cut）中他们需要的部分，不过每一次都需要稳定发挥。

如果蒸馏师想要轻盈的花草香气，他们会截取酒心最靠前的部分；如果他们需要水果风味，酒心中间的"片段"最为理想；如果想要创造烟熏风味，蒸馏师就需要截取酒心靠近酒尾的一部分。每一位蒸馏师都有各自独特的配方和操作方式。

对了，那些进入保存容器的酒头和酒尾会怎么处理？别担心，他们会把这些液体与下一波低度酒加以混合，然后再次蒸馏。

图为艾雷岛上的卡尔里拉（Caol Ila）蒸馏厂，它的蒸馏室风景尤为壮观。

柱式蒸馏器

壶式蒸馏是一个断断续续的过程。蒸馏师需要处理好酒醪，将它加热，收集酒精蒸气冷凝的液体，放入另外一个壶式蒸馏器，重复相似的过程，再将最终的酒液分为三个部分，收集其中的酒心，再把酒头和酒尾回收再利用。因此，当威士忌成了一种商业价值较高的产业，蒸馏师们也不免为利益所诱惑。他们希望有一种更加高效的蒸馏器。这些蒸馏师认为：如果有一个容器，只要在一边放置酒醪，从另一端就可以收集到酒液，这不是更好吗？

在欧洲，人们做了很多制造连续蒸馏器的探索。在威士忌制造领域，低地蒸馏商罗伯特·施泰因（Robert Stein）在1827年为他的设计申请了专利。来自爱尔兰的埃尼亚斯·科菲（Aeneas Coffey）于1834年优化了施泰因的设计。正是这种优化后的设计，至今仍被全球蒸馏商用于谷物威士忌或其他调和威士忌基酒的生产。

科菲所做的优化，是将壶式蒸馏器的功能拆分到两个充满蒸气的蒸馏柱中。在第一个蒸馏柱中，酒精从酒醪中分离出来形成蒸气，再由管道输送到第二个蒸馏柱底部，在上升的过程中不断提高纯度。蒸馏柱内部由带孔的"盘子"分为若干个区域，只有最轻的蒸气和风味物质可以最终升到"塔顶"。

蒸馏师可以使用与壶式蒸馏相同的方式选择保留下来的风味。然而，使用柱式蒸馏器时，蒸馏师不需要将馏出物划分成三个部分，因为第二个蒸馏柱中的每个区域留下的风味各不相同，他们需要了解不同高度的风味特点。也就是说，蒸馏师可以选择从哪个区域抽出酒精蒸气，将它们冷凝成酒液。蒸馏柱越高，形成的酒精就越纯，因此与壶式蒸馏器的70%（ABV）酒精度相比，人们可以用柱式蒸馏器制造酒精度高达94%（ABV）、质感更为柔和的液体。

组合蒸馏

波本的蒸馏过程常常要用这两种蒸馏器共同完成。首先，蒸馏师要先使用单柱式蒸馏器（又称"啤酒蒸馏器"）将酒精馏出，并且初步划分风味。蒸馏柱底部的残余液体则会作为酸醪保留，在下一批谷物的发酵过程中发挥作用。第二次蒸馏要使用壶式蒸馏器，在这里又被称作双重蒸馏器（Doubler）。

不论使用哪一种蒸馏方法，馏出物的酒精度越高，酒体就越轻盈。也就是说，威凤凰（Wild Turkey）这类口感强劲的波本要从酒精度较低的位置来收集，而口感轻盈的美格则是从更高的位置收集的，总之，这是每个蒸馏师需要做出的决策。

生产波本时，蒸馏是在一种叫作"啤酒蒸馏器"的高大设备中进行的。

橡木

尽管有些威士忌离开蒸馏器就可以直接装瓶（玉米威士忌就不需要陈酿），美国近年来还出现了一种"新酿威士忌"（white whisky）的趋势（也许是个令人担忧的趋势），但对于绝大多数威士忌来说，桶陈熟成都是一个必要的步骤。例如，在苏格兰和爱尔兰，谷物烈酒必须要经过3年以上的熟成，才能被称为威士忌。法律还规定，所有威士忌的熟成都必须在橡木桶里进行，波本、黑麦和田纳西威士忌还要求使用经过碳化的新桶。对我个人而言，如果烈酒没有经过熟成，它就算不上是威士忌，充其量不过是伏特加的一种。

桶陈并不是在浪费时间，因为威士忌70%的风味都来自酒液和橡木桶之间的反应。

在这段漫长的时间中，一些微妙的变化会悄然发生。首先，新酒中最刺激的部分会慢慢消失，而最"坚强"的酒鬼都很难接受这种刺激感。它们也许是自然蒸发掉了，也有些被木桶中的碳化层吸收殆尽。

与此同时，木桶会与酒体悄声"对话"。木桶并不仅仅、也不该是一个单纯的容器。它是创造风味中最活跃的力量，贮存着香气、色泽和强化口感的单宁。这些要素都会在桶陈的过程中被酒体吸收。

这是木桶与酒体的"双人舞"，在蒸馏师创造的风味之外，时间会创造新的香气和味道。整个过程容不得一点点仓促。

波本和田纳西威士忌只能用新桶熟成，其他种类的威士忌则需要使用旧桶。由于酒液会从橡木中吸取味道，首注桶的木质中自然有更多风味可供吸收。每使用一次，木质中的风味就会随之减弱，而在失去生命力的木桶中陈酿是没有意义的。在这个步骤中，蒸馏师的职责是监控木桶的使用，利用不同的木桶，在酒体原有特性的基础上进行新的创作。毕竟，就算是完全相同的原酒，在新桶中陈酿10年与使用旧桶熟成的酒液也是截然不同的。

橡木的树种也对酒的风味有所影响。

美洲橡木的首次使用，是用来陈酿波本的，二手桶则广泛地应用在苏格兰、加拿大、爱尔兰和日本的威士忌蒸馏厂。它会为酒体带来香草、椰子、樱桃、松木、甜味香料和烟草的香气。

欧洲橡木是陈酿雪莉酒使用的，二手桶则服务于苏格兰、爱尔兰、加拿大和日本威士忌。它带有一种干爽的单宁感，浓重的红褐色泽和风干水果、丁香和松脂的香气。

法国橡木的辛辣口味更为显著。

日本橡木绝大多数都在本国使用，会为酒体带来一种类似线香的香气以及更高的酸度。

混合使用新旧程度不同、木材不同的橡木桶，可以为原酒编织出更为复杂的风味。

时间也是一项重要因素。橡木的风味最终会侵占酒体中的全部风味，而这并不是蒸馏师想要看到的结果。蒸馏师们需要的是橡木与酒体之间的平衡与和谐。因此，年份并不是质量的决定因素，年份更长的威士忌并不一定会更好。

木桶的新旧程度不同，会让威士忌的风味产生很大差别。

过滤

从1810年起，北美威士忌制造业就开始使用碳化烘烤过的木材，即木炭制作威士忌。这也是将波本与田纳西威士忌区分开来的特点。将新酒用枫木木炭进行过滤，可以在入桶之前就消减部分刺激感和侵略性。

人

威士忌的风味会进入你的灵魂，因此，你喝的越多，可能就越想要探索其中最深的奥秘，想要了解魔法般的配方究竟是如何创造了这种复杂迷人的饮品。当然，每一个威士忌爱好者和制造者最后都会明白：在这个领域中，没有人是全知全能的，更没有什么魔法，唯一重要的是美妙的风味和享受美酒的时光。

威士忌并不是科技的产物，而是一种人工的创作。创造这种烈酒的是人，而不是机器。这种让谷物变得炽烈、可口且令人享受的方法是一代又一代人的传承，其中的每一个步骤都少不了人为的干涉与决策：挑选大麦，添加酵母，分析蒸馏室中的气味和声响，在昏暗寂静的仓库中照料木桶……这些男男女女的血液中流淌着威士忌，他们的父辈、祖辈也曾在蒸馏厂中挥洒汗水——正是他们，将威士忌变成了一种感官艺术。

当然，也有的威士忌制造者取得了生物、化学等学科的博士学位，但他们也从不会认为自己所做的一切仅仅是将知识应用在实践上。这些人也明白，威士忌制造是一个极具创意的行业，是他们控制着威士忌的风味。没错，这群人就是调配师。

威士忌调配

我们经常会遇到调和的产品。香槟就是调和过的葡萄酒，波尔多产区很多顶级红酒也是如此。茶和咖啡大多需要混合调配，香水和雪茄的香气也需要调香和调味。也许大多数人都不知道干邑白兰地也是调和酒。而到了威士忌，不论是欧洲还是北美，很多人都错误地认为调和威士忌不如单一麦芽威士忌。这是一个完全错误的观念。

在全球市场销售的苏格兰威士忌中，有92%都是调和威士忌，因此你可以判断至少90%的威士忌消费者都在喝调和产品，他们每年要消耗8200余万箱。再加上日本、加拿大和爱尔兰的调和威士忌，试问：难道这些消费者是容易受骗的傻瓜？还是他们确实中意调和威士忌？事实上，即使是单一麦芽威士忌和纯波本，蒸馏师也会混合不同的木桶，来创造更加稳定的风味，而这也可以算是一种"调配"。

苏格兰调和威士忌

简而言之，苏格兰调和威士忌是单一麦芽与谷物威士忌的混合物，通常会使用多种原酒。这是一个多维度的过程，原酒的味道并不是简单相加，而是相互融合、逐渐积累，超越各种原料，形成全新的风味。

调配师的工作，就是研究出如何让一种威士忌负责提升香气，同时让另一种的烟熏味恰到好处；或是让一款雪莉桶陈威士忌加强质感，一种以美洲橡木桶陈年的威士忌提供香草和椰子香气，同时再用一种旧桶熟成的产品带来活力。调配的关键不在于将不同的风味与质感堆加在一起，而是深入了解这些千差万别的元素，并让它们完美融合。

谷物威士忌是其中的重要元素。与麦芽威士忌相比，它们才是调和威士忌的核心。谷物威士忌口味清淡，通常在美洲橡木新桶中陈年以加强风味，但与风味同样重要的是，谷物威士忌能够在创造丝滑口感的同时，将个性更强的麦芽威士忌融合在一起，把它们中间隐藏的风味物质发挥出来。可以说，谷物威士忌不但保存和延展了所有原料的特点，还能发掘与创造出全新的风味。

有人认为，调和产品中的麦芽威士忌，是我们熟知的单一麦芽品牌的妥协，但事实并非如此。面对调和威士忌，你需要改变对麦芽威士忌的看法，不要去考虑蒸馏厂，而是要思考它在新的组合中发挥了什么不同的味道。

调配的关键在于平衡。即使是最清淡的调和威士忌（例如顺风威士忌），也需要一些浓郁的雪莉桶麦芽威士忌发挥"船锚"的作用，让酒体沉下来。相对地，烟熏味浓重的尊尼获加的黑牌威士忌（Black Label）则需要富含花香的成分来提升风味，增加酒体的复杂度。

日本调和威士忌

日本调和威士忌同样是用麦芽威士忌和谷物威士忌调配的，不过它们与苏格兰的产品有非常显著的区别。两者的区别源于更广泛的文化差异。日本的产品需要适应本土市场，而东方的消费方式与西方完全不同。

起初，日本威士忌就需要用来搭配精致细腻的本土料理；它还需要适应日本的气候，特别是潮湿、炎热的夏天。与此同时，多数日本人对酒精比较敏感，也不适应太过浓烈的口味，日本威士忌同样需要考虑这一点。

所有的条件都指向了"清淡"这个答案。而日本人制作的调和威士忌尽管口味淡雅，却保持着足够的味道和个性，经过水割（见34页）的稀释后也不会丧失风味。

加拿大调和威士忌

为了得到理想的风味，苏格兰的调配师会从许多不同的蒸馏厂中甄选多种威士忌，还时常涉及交换库存，而加拿大调和威士忌基本都来自同一家蒸馏厂，所有的成分都来源于同一个屋檐下。这些威士忌的基底通常是度数较高的玉米威士忌，部分品牌还会用到小麦（海伍德）和黑麦（艾伯塔）威士忌。

然后，调配师会在此基础上添加用以调味的威士忌，它们的成分基本都是以黑麦为主，有时还会加入玉米威士忌和大麦麦芽威士忌。不同的木桶种类会为这些威士忌带来多种性格，大多数情况下，调配师会选用美洲橡木新桶和旧桶，偶尔会使用旧雪莉桶，让风味更加丰富。

爱尔兰调和威士忌

目前，全球范围内，爱尔兰调和威士忌的发展最为迅猛。对于同属爱尔兰蒸馏酒公司（Irish Distillers）的尊美醇和波尔斯来说，调和威士忌混合的是多种谷物威士忌以及精心挑选的爱尔兰壶式蒸馏威士忌。与它们在海外的"亲戚"一样，这些威士忌会经由不同种类的木桶陈酿。根据经验，瓶标上标注的年份越大，成品中添加的壶式蒸馏威士忌就越多。

布什米尔的调和威士忌则是将自家的麦芽威士忌和一种谷物威士忌进行混合。库利蒸馏厂旗下的基尔伯根（Kilbeggan）所用的谷物和麦芽酒也都是自家生产的。

美国调和威士忌

美国调和威士忌是用纯威士忌和谷物制造的中性烈酒（不是谷物威士忌）调和而成的。

如果你认为威士忌几个世纪以来一直在遵循某种固定的模式，那就错了。我们现在喝的威士忌与18、19乃至20世纪喝过的威士忌都不一样。200多年前的美国威士忌口味中带有烧焦的感觉，经过优化，如今已经完全消失了。

调配大师是控制威士忌风味的艺术家。

尊美醇不再是蹒跚学步的婴儿，它成为全球增长较快的威士忌品牌之一。

这些变化来自高速发展的技术、交通和通信手段。但更重要的是，威士忌的消费者也变了。

风味的存在，并不是完全出于蒸馏师和厂商的意愿，不是蒸馏师们说"我的威士忌就在这里，想喝就喝"这么简单。它们的诞生既能彰显品牌的个性，又能给人带来最大化的乐趣，最重要的是，它们保留了其中每一种威士忌的灵魂。

饮酒场合

威士忌随时都可以喝，但我们的味蕾会根据饥饿程度和心情等因素变化，因此不同的场合，适合的威士忌也是不同的。在对的场合喝对的酒，才能带来最大程度的享受。这在生产阶段也是很重要的。蒸馏师和调配师需要对消费场合了然于胸——怎么喝、由什么人来喝、气候如何、是什么样的情景。

对于威士忌迷而言，了解威士忌的制造过程是很有吸引力的，然而，难道每个买车的人，都要了解复杂的内燃机是如何工作的吗？这些知识能让驾驶变得更有趣吗？也许对一小部分人来说，答案是肯定的，但大多数人买车的目的则是满足自身的需求以及相对舒适地从A点移动到B点。

喝酒也是同样的道理。我们选择威士忌无非是出于熟悉（对品牌的偏爱），或能够满足某个场合，更重要的是适合某些特定的情绪。讲了这么多关于生产的知识，我们可能已经忽略了威士忌在情感方面的作用：它趣味十足，友好而令人愉悦，能够用风味与我们的灵魂交流。这才是重点。

每个品牌的每一款酒都有最适合的出场时机。例如，在一顿大餐之前，我想要找一点清爽开胃的饮品，那么相对清淡的威士忌或许是更好的选择。而在餐后休息时，我需要更为强劲的味道，就会从口味浓重的产品中挑一款来慢慢品味。因为希望最大限度地感受其风味，我会比较少地加水。我在餐前选择的威士忌可能比餐后的便宜，但不能说它比后者逊色。它在适合的时间、场景下，同样有出色的表现。有人认为威士忌越贵、年份越长就越好，而这种观念其实是不对的。

威士忌酒一直保持着这样的步调。19世纪晚期以来，它的发展速度加快了。因为从那时起，威士忌就要适应各种各样的鸡尾酒，或是在苏打水的气泡中绽放，得以成为餐前或人们临睡前的佳饮。品牌、风格和饮用方式——场合决定着一切。

正因如此，了解享用威士忌的丰富方式变得愈加重要，也有了更多趣味。它是一个完全开放的领域。精通此道之后，"这是最好的享用方式"就会渐渐变成"这是唯一的享用方式"，而这又将我们带回了起点：威士忌不是什么包罗万象的东西，而是一种专属的享受。

当代的威士忌爱好者更加成熟，更具冒险精神，而且绝不传统。

混合享用

　　威士忌每一次风靡全球，都是在它被稀释的时候。我们提到的托蒂、司令、格罗格（加水稀释）、茱莉普以及潘趣酒和加入苏打水的高球鸡尾酒，都把灼烧感十足的纯净烈酒变成了人们乐于享受的饮料。这个道理在今天仍旧适用。其实"威士忌必须净饮"的观念都是近些年才出现的。

　　所以，朋友，如果你们有哪个朋友、遇见哪个调酒师，或是读到哪个作者的作品，要求你必须净饮威士忌，请拿起一瓶水，朝他们的脑袋上泼去——对了，别忘了留一点来配你的酒。

冰

冰是调制鸡尾酒时不可或缺的要素，而手凿冰球搭配纯威士忌享用，可以略微冷却酒体，用恰到好处的稀释来消解强烈的酒精感。话虽如此，我可不喜欢在威士忌中加上一大勺融了一半的冰（搞不好还是用自来水制成的）。我们只需要一两块冰，而且必须纯净且坚硬。在温度较高的环境下，我不需要在威士忌中额外加水，因为温度会让冰融化得更快，化水量足够稀释酒体。而在更凉爽的地方，我也许不会加冰，但是会加一些水。总而言之，平衡才是关键。

水

我在本书中最常强调的事情之一，就是"水是你的朋友"。

这种分子式为H_2O的物质，不光能为身体提供水分，也是享用威士忌的好伴侣。在威士忌里加水，不仅能让你在品鉴时更充分地感知威士忌的香气，饮用时也更易入口。

我对加水的做法早就习以为常。小时候，我的第一份"大人的"差事，就是每晚为父亲稀释他的睡前烈酒。从那时起，我就知道加入烈酒中的水一定要够冷，加水后酒液中会萦绕出奇妙的细丝，从颜色就能看出它的味道恰到好处。

当我长大一些，能在格拉斯哥的大小酒吧中频繁出没时，就看到许多酒吧的吧台上都有水龙头，客人可以根据自己的口味来稀释手里的酒。没有这种"先进"工具的酒吧，也总是会准备一个装得满满的水罐。

为什么要稀释？当然是因为饮用威士忌是一种欢愉，而非痛苦。为什么许多威士忌爱好者宁愿忍受酒精度高达60%（ABV）的威士忌带来的烧灼，也不愿意在酒里加一点水，轻松消除那种从喉咙燃烧到胃里的不适呢？

虽然我说过，你愿意怎么喝威士忌就怎么喝，而在这里又说一种喝法是错误的，这似乎有点前后矛盾。但只要一两滴水，就能削去酒精的锋芒，同时还能在不破坏酒体的前提下增强威士忌的风味。对于单一麦芽威士忌，我九成都会用这种方法来享受。

水的作用

加水从本质上是降低威士忌的酒精度，从而减弱了酒精对于嗅觉的刺激，让闻香和品尝味道都变得更适宜。同时，正如夏天的一阵骤雨可以激起干燥泥土中的芳香，几滴水也同样能够释放酒体中的香气，让整杯酒更具活力。

当任何酒的酒精度超过了20%（ABV），大量的乙醇就会像监狱围墙一样，将风味物质封锁住。而加水的时候，

碳酸的作用

在含汽饮料中，气泡的大小和释放速度决定了一切。与香槟的原理相同，较小的气泡能够传递更多的味道，但碳酸的"气压"对创造清新口感也至关重要，还能减少烈酒尾韵中的苦味。对了，含汽饮料还能让人不由自主地微笑。

达西·奥尼尔（Darcy O'Neil）在他出版的《修好水泵》（*Fix the Pumps*）中阐述了他在2010年对汽水饮料机的研究：当人们在饮料中加入二氧化碳，这种气体会与水反应，形成碳酸。这种现象会在舌头上产生轻微的中毒反应，让身体释放内啡肽，从而产生愉悦的感觉。（有些人对这种"毒性"更为敏感，使得他们注定无法接受碳酸饮料）换句话说，如果你想让人在喝你的酒时笑起来，就往里加点苏打水吧。

乙醇的牢笼被打破，强烈的风味就会一涌而出，直直窜向鼻腔。

你甚至能亲眼看到这样的变化。随着清水滴入，酒体中会出现无数旋转盘绕的细丝，这种现象被称为"黏性漩涡"（viscimetry）——就在你的眼前，威士忌的风味被体现得淋漓尽致。

调酒

我们喜欢气泡，并不仅因为它能让我们感到愉悦（见左侧文字框），还因为二氧化碳让矿物盐更易被人体吸收，因此几千年来人们就认为天然的起泡矿泉水有利健康。到了18世纪，饮料制造商还在探索将二氧化碳锁进液体中制造含汽饮料的方法。直到18世纪70年代，瑞典药剂师托尔贝恩·贝里曼（Torbern Bergman）和英国利兹的化学家约瑟夫·普里斯特利（Joseph Priestley）才在对科学的无限求索中掌握了这种技术。

普里斯特利的技术之后又有了新的发展，踏出这一步的人的姓名几乎已经成为所有含汽产品的代名词——他就是约翰-雅各布·施韦佩（Johann-Jacob Schweppe），著名的怡泉（Schweppes）饮料品牌就是他建立的。1792年，施韦佩从日内瓦迁居到伦敦，开始了商业运作。他的成功并不仅是因为碳酸本身的新奇，更是因为他研究出了如何瓶装他的含汽饮料。

最初，碳酸水是用来治疗平常小病的，而当烈酒迅速从医疗药剂变成了寻欢作乐的饮品，施韦佩先生的"神奇药水"也从帮助消化的保健品，变成了延长烈酒欢愉的调酒配料。金酒搭配汤力水，白兰地与之后流行起来的威士忌则搭配苏打水或干姜水。

1837年，随着法国巴黎的安托万·佩尔皮纳（Antoine Perpigna）设计出了一种虹吸管水壶（vase siphoïde），另一位"无名英雄"进入了视野。佩尔皮纳设计的大型设备逐渐发展为我们今天熟知的苏打水制造机。整个19世纪，它在法国和美国得到了长足发展和改进，但最基本的原理还是相同的，都是为了方便快捷地制造这杯重要的含汽饮料。

用芬味树（Fever-tree）的苏打水混合威士忌，能够创造完美的平衡。

苏打水

它是含汽饮料中最简单的一种。在水中加入碳酸氢盐，水就变成了碳酸饮料。

作用： 在烈酒中加入苏打水和加水稀释其实是一样的，只不过多了碳酸带来的气泡。碳酸会增加稍显干涩的口感，而在苏打水中，这种干涩就变成了清爽的刺激感。它还会让酒体的尾韵更为干爽，"勾引"着你喝了一口又一口——这招可真不赖。

清新、干净而爽口的苏打水就像是稍显刻板的正直女性，神色严厉但性格温顺。当苏打水与烟熏味融合时，其中矿物质会发挥作用，为饮料带来淡淡的咸味，口感非常美妙。相对地，在它与另外一些风格的烈酒搭配时，尾韵可能会过于苦涩。加苏打水，可并不只是把水倒进烈酒中这么简单。

在本书74—81页的品鉴记录中，我就常常会用芬味树的苏打水，因为它能在爽口、淡淡的矿物咸味和强烈的碳酸口味之间找到平衡，让酒体的风味更加突出。

干姜水

经过酿造、含有酒精的姜汁啤酒来自18世纪的英国，100年后传到了美国。经典长饮鸡尾酒玛米泰勒（Mamie Taylor）就是用它来制作的。

干姜水没有经过发酵，在质感上也比姜汁啤酒更加轻盈。19世纪50年代，它出现在贝尔法斯特，制造商是格拉顿公司（Grattan & Co）或坎特雷尔与科克伦公司（Cantrell & Cochrane）。这种产品出口到美国之后，还出现了一种叫作金姜汽水的变体，它的姜味更为明显。

查尔斯·赫尔曼·苏兹（Charles Herman Sulz）在他1888年出版的《饮料论》（*A Treatise on Beverages*）中写道：

"贝尔法斯特的干姜水之所以大受欢迎，是因为它有精致的香气。所有碳酸饮料都想要模仿它，但很不幸，很多美国干姜水都糟糕透顶——甚至有些比糖水好不了多少。"

许多早期生产商都发现，饮料中的生姜味很快就会消失，因此，有些厂家会在产品中加入辣椒、柠檬或酸橙汁来加强口感。1905年，加拿大药剂师约翰·麦克劳克林（John

McLaughlin）在贝尔法斯特干姜水的基础上，调配出了一种甜度较低的版本，并在两年后为它申请了"加拿大干"的专利。

黑麦威士忌和干姜水是美国禁酒令时代的标志性饮品。但在可乐风靡全球后，干姜水就没有那么受欢迎了。而在英国，苏格兰威士忌与它的搭配一直流行到20世纪70年代早期。

值得庆幸的是，如今干姜水和姜汁啤酒又回到了人们的视野中，以软饮更为常见，但也有经过酿造的"硬货"。

作用：在我看来，添加了气泡的姜味饮品是威士忌最好的伴侣。首先，姜的味道与许多威士忌由木桶带来的甜蜜香料味是天生一对。同时，气泡会让饮料变得更有活力。更重要的是，姜味能够延长任何一款威士忌的尾韵。

干姜水就是调酒软饮世界里的丽塔·海华丝（Rita Hayworth）。它缓缓燃烧，充满诱惑力，在与威士忌亲吻时辣味瞬间点燃。姜在本身的味道与橡木桶的味道之间能够建立一座桥梁，在本书74—181页的品鉴记录中，它无疑成为无比惊艳的搭配——谁能拒绝丽塔的魅力呢？首先，干姜水会对嗅觉带来直接的影响，而后才是对味觉方面的提升，因此，用它来稀释威士忌，不仅可以加强香气，还能延长余味。在它的作用发挥得当时，没有其他软饮能与之匹敌，但如果未能发挥充分，饮料还是会变得平平无奇。

正如苏兹在他1888年的著作中所说，一切的关键在于平衡。在用辣椒代替姜时，为了掩盖过强的辣味，饮料中的甜度可能会过高。要记住，干姜水应当是一种"干"性软饮。

使用干姜水时，我在品鉴试饮的选择仍旧是清爽纯净（而且甜度很低）的芬味树。它使用了3种天然姜，并且未加辣椒，能够更好地体现每一种威士忌的味道。

可乐

追根溯源，这种全球销量最高的软饮起源于1863年。法国的安杰洛·马里亚尼（Angelo Mariani）发明了一款含有古柯叶的药酒，这就是可乐最早的雏形。

芬味树干姜水的刺激感恰到好处，甜味也足够平衡，可以增强威士忌的味道。

在2009年出版的《烈酒之旅》（*Spiritous Journey*）中，贾里德·布朗（*Jared Brown*）和阿尼斯塔西娅·米勒（Anistatia Miller）提及，马里亚尼还制作了一种以烈酒为基底的版本，其中的古柯含量更高，让它更加……"有效"。

马里亚尼将古柯用作饮料中的兴奋剂的想法，在1884年被佐治亚州亚特兰大的一位化学家所采用，他就是约翰·S. 彭伯顿（John S. Pemberton）。但在当时，美国各地的禁酒运动已经开始逐步发力，他也被迫将"法国古柯酒"变成了一种加入碳酸的软饮，尽管到1904年，这种饮料中才真正加入了古柯叶。它还有了一个新名字——可口可乐。禁酒令之后，可乐已经遍布世界各地，不过这时它已经不再包含雏形中那种重要的原材料。

作用： 可乐的普及让它成为各路调酒师搭配各种烈酒的选择，威士忌自然也在其中。20世纪90年代，是可乐让调和苏格兰威士忌在西班牙流行起来。而"杰克丹尼可乐"和"金宾可乐"（Beam'n'Coke）之类的喝法成为美国威士忌给世界各地的第一印象。

无论是作为调酒辅料还是单纯当作饮料，我一向不愿意使用可乐。对我来说，它的某些特性就像一个略显僵硬的B级片演员，大声念白彰显着自己的存在感，但又缺乏深度——至少看起来是如此。尽管可乐容易喧宾夺主，但它反而可以成为更为强劲浓郁的威士忌的伙伴。在这样的饮品中，与其说可乐打开了威士忌的味道，不如说是威士忌反而让我们发现了可乐的深度。

以香草风味作为桥梁，可乐中的红色和黑色水果味道，能够与浓烈的威士忌擦出火花。看似平平无奇的可乐中还有些与味美思酒（vermouth）相似的地方，它甚至还能与曼哈顿和罗布罗伊（Rob Roys）鸡尾酒完美搭配。或许，这个木讷的演员只是拿错了剧本。

对我来说，调和苏格兰威士忌很难在可乐的高甜度下产生亮眼的表现，除非调和的配方中有大量浓郁的雪莉桶威士忌。但波本的冲击力能够与可乐融洽相处，同时，新橡木桶中较高的香兰素则为酒体与可乐的融合提供了一座桥梁，让风味更为和谐。对了，千万别用无糖可乐！阿斯巴甜和威士忌可没办法磨合。我在品鉴试饮时使用的是可口可乐。

全球最受欢迎的软饮，也可以成为威士忌的好搭档。

西方人也许难以理解，但绿茶是一种很受欢迎的调酒辅料，并且表现非常出色。

绿茶

用绿茶来调酒？听到这里，可能很多人都会觉得不可思议。在有些人看来，在苏格兰威士忌中加入绿茶，会贬低它的价值，让它失去尊贵的一面。但不可忽视的是，用绿茶进行调制，有助于苏格兰威士忌在重要的亚洲市场——特别是中国市场扎根。

作用： 用来搭配威士忌的，大多是瓶装（含糖）的绿茶，但一些品牌的含糖量太高，会打破风味的平衡。另一方面，糖分又是必不可少的，因为未加糖的绿茶与威士忌中的橡木桶香气融合时，会产生干涩发苦的口感，结果同样不尽人意。

理想的方法有两种。第一，自己泡茶，等它凉下来，再与烈酒混合享用；第二，找一个甜度较低的瓶装绿茶品牌。我在家会用第一种方法（虽然会花很多时间），常常会选择台湾冻顶乌龙、一种高级白茶，或者是一种稍经发酵的乌龙熟茶。如果要用现成的瓶装绿茶，技巧就在于找到一个甜度恰到好处的品牌。甜度太高会破坏风味，甜度太低时，茶中的单宁会与橡木桶中的单宁相互"勾结"，让整杯酒变得非常苦涩。

如果处理得当，你就会得到一杯非常美味的饮品，并且有着十足的深度。如果说生姜的作用是水平的，让风味更好地扩散，那么绿茶的作用就是垂直的，为烈酒带来更为丰富的层次。它会与威士忌表层的香气融合，增加花香，为部分威士忌中的植物香气塑造天然的桥梁。甜味会在舌头中部扎根，带着所有风味围绕这一点旋转。用人来比喻的话，就像一个严厉的哲学家突然开始舞蹈。

在下文的品鉴记录中，我使用的是一个叫作康师傅（Mr Kon）的低糖瓶装绿茶品牌。绿茶会为威士忌带来温润柔和的底蕴，在保留清新草本香气的同时增添微妙的花香。朋友们，它的效果真的不错！

椰子水

这种曾经令人瞠目结舌的饮料，而今迅速成为全球健身达人们的挚爱。但如果劝人把它与烈酒混合享用，或许不少人还是难以接受。不过在巴西，它可是用来混合威士忌的默认饮料，只要喝一口，就能让它多出一个新的拥护者。随着椰子水的知名度日渐提高，用它来调酒也只会变得越来越常见。

作用：使用椰子水的关键，同样在于找到一个含糖量相对理想的品牌。在品鉴时，我选择的是唯他可可（Vita Coco）。我发现，椰子水与波本和黑麦威士忌混合会带来灾难般的效果，但它与调和苏格兰威士忌很合拍。它与几款清淡的酒组合时，会产生一种类似味噌汤的气味，尽管不令人讨厌，但也绝非我们想要的味道。无论如何，一旦找到了合适的组合，你就能感受到它的美妙。

椰子水有益健康，应该找个理由多喝一点，那么它能与威士忌搭配出完美效果，是不是最能说服你的一个理由？没错，椰子水的确会让你想起巴西，但它存在的意义绝不只是柔和、慵懒的甜蜜味道。它就像是热带音乐，或许是玛丽亚·白莎妮亚（Maria Bethania）的风格，用它调配出的饮品柔中带刚，些微的干涩和酸度与甜味达成平衡。在它充分发挥所长时，难以察觉的苦涩会与酒体中的木质香气融合，形成可爱的烤椰子气味，而它的甜味会融入酒体柔软的水果风味，将你带入美味可口的水果沙拉世界。

椰子水作为威士忌的搭档，也同样越来越受人喜爱。

如何饮用威士忌

  我为什么用6种不同的方法，尝试了102款威士忌？我必须承认，在进行品鉴试饮的过程中，我有时也会问自己这个问题，但很快我就会遇到下一个惊喜，让我明白：尽管这个尝试很疯狂，但一切都是值得的。

  我这么做的根本原因有两个。首先，现在大部分的威士忌其实是用各种方法长饮的，全球都是如此——也许是加水，也许是用冰软化，通常是加入调酒软饮或调制成鸡尾酒。其次，据我所知，还没有人研究过把同一种威士忌以多种方法享用，然后考虑哪一种选择的表现最为出色。

  美酒当前，要如何充分发挥它的魅力，得到最大限度的享受？如果有理想的组合，是否可以帮人们更好地享用威士忌，或是让更多人走进威士忌的世界呢？

评分标准

5* 最好的享受，千万不要错过。威士忌变成了一种惊艳的饮品。

5 非常好。酒体与辅料能够完美融合，无论威士忌本身还是配料都得到了很大提升。

4 很好的饮料。在这样的搭配中，威士忌开始褪去神秘面纱，整个饮品的味道优于两种配料之和。

3 还不错，各个方面都达到了平衡。我很乐意来一杯，但可能不会有第二杯了。

2 一般，有不太和谐的地方。最好还是换种方式来喝。

1 别这么喝。

N/A 有些威士忌不适合混合饮用。它们通常是个性非常鲜明的威士忌。

如果没有特别说明，所有参与评分的组合，都是由软饮与威士忌2：1的比例来调制，并且都是加冰饮用的。

品鉴详解

本书74—181页收录的搭配品鉴，使用的威士忌都不难弄到手，并且没有一瓶难求的"前科"。有些酒虽然很棒，我却不得不忍痛将它们排除在外，一是因为篇幅实在有限，但主要是因为它们没有那么容易购买。我认为，了解容易获取的威士忌比较重要，而不是因为找不到产品而空有理论知识。

这些记录中的苏格兰调和威士忌多于麦芽威士忌。是时候来讨论它们的广泛用途了，同时人们也会发现麦芽威士忌并不是那么"容易相处"。

我寻找的是能够增强威士忌风味、发挥它们个性的搭配。这些享用的方法应当增加威士忌的层次感，从而带来新的味道，让好酒变成"绝妙的饮料"。我从不避讳将威士忌当作拥有自己意识的存在，因为在你看到其中的风味被放大、被吸收，乃至被排斥时，就会开始发现它们的性格。

在所有的尝试中，具有完美表现的组合并不多。大多数威士忌都会有一两种搭配过于夸张。还有一些主题浮出水面：烟熏味和苏打水能够完美搭配，干姜水则总是可靠的伴侣，能够展现酒体单宁风味的方法也值得探寻。

更令人着迷的是，有些品牌经常被坚持净饮的酒饕所轻视，但它们与不同的辅料混合后，能够突然变得生动美味起来。还有一些品牌不论怎么享用，都是真实而令人愉快的冲击。

自然而然，还有一些品牌并没有那么"合群"。这些酒通常有着最强的个性——重雪莉麦芽威士忌、纯黑麦威士忌，还有一些复杂精妙的威士忌，都更适合单独出场。在看到较低的评分时，千万不要认为这些威士忌本身有什么不好。分数代表着它们与软饮混合享用时的表现，而无关威士忌自身的质量。如果哪款威士忌净饮最好喝，那就直接净饮，因为这份指南想要讲述的是"如何最好地享用威士忌"。

不必赘言，只需一页一页地看过后面的内容，去尝试各种搭配，去享受，然后找到你自己的最爱。

风味阵营

每一款威士忌都是一个独立的个体，但从中找到相似之处也是很有用的，尤其是可以看看能否从中概括出它们的最佳享用方法。将相似的威士忌放到风味阵营中，是非常有效的做法。

你会发现，尽管苏格兰调和威士忌和麦芽威士忌的阵营名称相同，但我还是把这两种不同的风格区分开来。当然，不止我一个人会这么做。

单一麦芽威士忌最根本的原则是，每个蒸馏厂都要塑造出一种个性，让品牌拥有独一无二之处。在这个基础上，蒸馏师们才会通过桶陈的方式创造更多的复杂度和层次，但最终的产品终归要突出呈现蒸馏厂的性格。

而调和麦芽威士忌是多种各有千秋的单一麦芽威士忌与谷物威士忌的混合体。它们同样复杂，但由于更强的包容性，它的复杂与单一麦芽的层次有着本质的区别。

单一麦芽威士忌就像是一座独立的山峰。尽管有着各种风味的支持，但山峰永远仁远伫立在它们之上。而调和麦芽威士忌则像是连绵的丘陵，同样是美丽的风景线，但欣赏时需要将周遭的风光一并尽收眼底。两者之间没有优劣之分，它们只是不同的存在而已。

苏格兰、爱尔兰、日本
调和威士忌（BLENDS）

这些产品都是由多种单一麦芽威士忌与谷物威士忌调和的，部分爱尔兰产品会采用壶式蒸馏威士忌，而后在橡木桶中进行熟成。

B1 轻盈＆芳香

调配师想要生产出一种轻盈的开胃威士忌——这种风格来自20世纪30年代的美国，当时，消费者想要更为清淡的口感。适于调酒，是让这类产品流行起来的重要因素。事实上，这种风格是高球酒再次风靡世界的幕后推手，这样的风潮一直持续到了20世纪60年代末。它们口感柔和，通常会带有花香，与同类麦芽威士忌有相同的"绿色"特征，让人想起葡萄、蜜瓜和梨等清甜的水果。

这类调和威士忌中的麦芽成分通常有较高的酯类含量，较为浓郁。陈酿时使用的主要是旧桶，因此橡木的存在感不算强。谷物威士忌在这里非常重要，它们能够为张扬刺激的麦芽威士忌带来柔顺的口感和甜味，让酒体柔和地流过舌尖。然而，这些轻盈型威士忌的背景中都会有更为浓郁的酒体（常常是雪莉桶麦芽威士忌），它们就像周全的贴身保镖，为整体口感支撑起船锚般的稳定结构。

B2 果味＆辛香

这些调和威士忌的质感适中，可能涵盖了全部4种风味阵营的麦芽威士忌。最为关键的是不同原酒间的比例和相互平衡。在这类威士忌中，你会发现橡木桶的作用变强了，特别是美国橡木桶。这意味着风味中会有更多香草和奶油糖的成分。与前一类调和威士忌相比，这类产品的口感更为丰富，主要的香味更富水果气息。在B1阵营中作为背景的雪莉风味也会在酒体中展现魅力。这种更明显的深度，很可能也来自更长的桶陈时间——用以调配这些产品的原酒，很多都是桶陈12年以上的麦芽威士忌。再加上调配师们会同时选用首注橡木桶和旧桶，复杂度和橡木带来的厚重感会进一步加强。谷物威士忌扮演的依旧是增加丝滑度和奶油橡木味的角色，但它的作用只是被一笔带过。由于谷物威士忌较为清淡，且通常都是在较为活跃的木桶中陈酿，熟成很快，因此它会像温柔的女佣一样，安抚年轻而躁动的麦芽威士忌。随着麦芽威士忌渐渐成熟，它们的风味会逐渐"冷静"下来，这意味着谷物威士忌的风味可以"退居二线"。酒体的平衡性仍旧很强，但这类威士忌与前一种的实现方式有所变化。

B3 饱满&果香

雪莉成分的增加，为这类威士忌赋予了个性。今天看来，这一阵营的威士忌稍显复古，让人回忆起苏格兰威士忌更常用雪莉桶（而非波本桶）陈酿的时光。然而事情并没有这么简单。爱德华时代（爱德华七世在位时期，1901—1910年）使用雪莉旧桶生产更为清淡的风格，直到20世纪30年代清淡型调和威士忌出现，雪莉桶都是人们使用的主要桶型——确实，在那个时代，浓郁深邃的调和威士忌没有那么吃香。这时候，轮到调配师们展现技巧了：既要表现出雪莉桶树脂般的深度和甜美的风干水果特征，又不能让木质中较高的单宁含量让酒体过于刺激。没错，你可不能让你的消费者喝酒时在舌头上挑出干涩的渣子来。调配师会使用一些由活跃的木桶陈酿的威士忌，但用它们是为

了塑造结构，而不是创造味道。雪莉桶带来的重低音线需要用某种方式来中和，而谷物威士忌再次发挥了关键作用。在这类调和威士忌中，谷物原酒能够溶解过重的单宁，将果味推向台前，同时让前调中的芳香气息更为明显。你会发现，这个风味阵营几乎颠覆了轻盈芳香型调和威士忌的特征。

B4 烟熏&泥煤

从20世纪60年代起，调和威士忌中的烟熏风味明显减少了，据说这是大众口味变化的结果。然而，作为销量最大的苏格兰调和威士忌，尊尼获加却坚定地保持着它的烟熏风格。另外，与其他风格相比，泥煤风味的麦芽威士忌正受到越来越多的青睐，所以谁知道呢？也许流行的钟摆很快就会再次摆动，回到烟熏和泥煤风格风靡世界的那个时代。在调和威士忌中，烟熏味的表现方式与其在单一麦芽中有所不同。它只是复杂风味的一部分，因此，你在单一麦芽威士忌中体会到的、强烈到近乎单调的专注力就会被削弱。烟熏感在酒体中的每一种风味之间铺开来，自身也会发生微妙的改变。泥煤则带来了决定性的特征：它带来了烟熏风味、石楠香气，以及盐碱/海洋风格的元素，但它的存在是细腻微妙的，并不会猛地闯进来，按着你的鼻子塞进冒烟的烟囱中。谷物威士忌再次在整个过程中起到了重要作用。它磨去了烟熏风味中的锋芒，并将这种特色与品牌想要表现的其他香气完美融合——不论是轻盈芬芳、果味辛香，还是浓郁厚重，谷物威士忌都能让烟熏风味与它们和谐共处。

苏格兰、爱尔兰、日本及中国
麦芽威士忌（MALTS）

这些都是完全用发芽大麦制成的麦芽威士忌。在下文的品鉴记录中，由于我只列举了一款爱尔兰壶式蒸馏威士忌（由发芽大麦和未发芽的大麦混合制作），因此它也被归入了这个分类。

M1 轻盈&芳香

啊，这是春天的味道：鲜花、刚刚割好的草坪，或是醋栗、青苹果、梨子和菠萝这样的新鲜水果香气萦绕。有时还会有一丝柠檬香，或者面粉袋的气息。这类威士忌酒体轻盈，质感细腻，能够在舌头中部展现出平衡的甜味。从生产角度来看，这类产品受木桶影响的程度较浅，同时发酵时间更长，由此产生了这些水果的风味。在蒸馏师选取用于桶陈的原酒时，使用的是酒心中较早馏出的一部分。

M2 新鲜&果香

现在，你将开始感受首注波本桶带来的香草、椰子和香料风味，这类产品本身还具有比前一种芳香阵营更加浓郁的水果香气。爽脆的青苹果变成了柔软的桃子、杏，偶尔还会有杧果和番石榴的甜蜜。生产这类威士忌时，发酵时间也比较长，蒸馏师选取的酒心范围会更大一些。

M3 浓郁&果香

深沉、饱满，稍重的酒味，这是由雪莉旧桶为这些麦芽威士忌定义的基调。欧洲橡木桶的单宁含量更高，同时带有丁香和少许线香的香气，而浸入橡木中的雪莉酒会带来胡桃、大枣、葡萄干和糖蜜的味道。使用的木桶越新、桶陈的时间越长，这类威士忌就越为浓郁。

M4 烟熏&泥煤

这种特别的香气来自烘干麦芽时燃烧的泥煤，这是让大麦停止继续发芽的步骤。泥煤产生的烟气中带有一种叫作酚类的芳香油脂，它会附着在大麦的种皮上，在整个蒸馏和熟成的过程中都不会消失。燃烧的泥煤越多，威士忌的烟熏味就会越重，而蒸馏师选取的酒心越靠后，这种烟熏味就越强烈。由于泥煤是几千年前生长的植物，其中的成分完全取决于产地。这就是风味的关键，如奥克尼群岛的石楠、苏格兰内陆的木香，以及艾雷岛泥煤中的焦油和海洋气息。

北美威士忌
（NORTH AMERICAN WHISKIES）

从玉米威士忌的温润可人，到黑麦威士忌的辛辣叛逆，北美大陆的威士忌有着自身的独特个性，为混合调配创造了多种多样且激动人心的可能性。

NAM1 香甜玉米

这类威士忌中的玉米是主要角色，带来浓郁的甜味，偶尔还会有热量满满的爆米花般的香气和味道。香甜味是纯波本的主要特征，远远超过黑麦成分带来的辛辣，它们就属于这个阵营，还可以用清淡型和浓郁型进一步分类。由于波本只能在新橡木桶中熟成，酒体的桶陈时间越长，木桶带来的甜美和深邃特征也就会越强。

加拿大威士忌是由不同原料和风味的威士忌混合而成，再在各种不同的木桶中陈酿的。在这些威士忌中，橡木带来的影响较弱，让玉米风味显得更为甜美和柔软，同时还有枫糖浆、奶油糖和硬糖的香气。

NAM2 甜美小麦

如果在波本中用小麦来代替黑麦，会产生一种完全不同的效果。黑麦带来的辛辣干涩会完全消失，带来更具植物芬芳的一面，酒体中的辛香则全部来自橡木桶。这样的波本会有更明显的甜味，尾韵中还能捕捉到来自小麦的一抹干爽。

NAM3 浓重黑麦

威士忌中的黑麦等同于辛辣。想象一下丁香、甜胡椒、小茴香和小豆蔻的味道，还有将尖锐的红色水果风味推向台前的酸度。一些黑麦含量高的威士忌口感干爽，一些更显收敛紧致，还有的则具有黑麦面包般的质感，而辛辣与强劲是它们的共同点。黑麦的"行事风格"大胆莽撞，酸度与冲击力在口中几乎噼啪作响。纯黑麦威士忌的酒醪中至少含有51%的黑麦，而在这个阵营的其他成员中，黑麦的存在感也非常强。这一阵营适用于波本、田纳西威士忌和加拿大威士忌。

苏格兰调和威士忌

　　虽然我们可以对任何一种组合进行一定的概括，但事实上，每一款酒与什么相配（或不相配），都有着自己的节奏。

　　总体而言，最清淡的调和威士忌与干姜水最合拍。干姜水的味道可以延长它们的风味。椰子水的优势同样明显，因为天然的甜度可以发掘出酒体中暗藏的甘甜。水果气息较强的调和威士忌中，干姜水也表现出色，但可乐就过分浓重了。

　　对于雪莉风格更强的调和威士忌来说，苏打水大多黯然失色，可乐的优势反而得到体现。这是由于后者的甜腻刚好可以中和酒体中的紧致。相反，烟熏风味的威士忌则能与苏打水完美合拍，这是基本上不会出错的搭配。干姜水的搭配同样和谐，但绝对不要尝试可乐。

　　绿茶的表现有些反复无常——在几种搭配中，它对合作伙伴的要求最高，但总体而言也是非常有实力的选手。从清淡型到浓重的烟熏威士忌，它都能找到一些合适的搭档。总而言之，作为专为高球酒创造出的类型，苏格兰调和威士忌其实还隐藏了不俗的实力。

百笛人
100 PIPERS

　　这款调和威士忌在东南亚市场颇受欢迎。它香气干净，给人的第一印象是清甜的谷物，接下来新鲜锯末和醋栗的酸度会让酒体稍显尖锐。清水能够带出一丝烟熏气息和东南亚香料的味道。加入苏打水后，饮品表现出一种新鲜的苹果味，但酒体与"配角"之间稍显割裂。干姜水同样的锐利会让整杯饮品变得味同嚼蜡。椰子水中的坚果味与酒体本身的麦芽风味增加了清爽度，是相对稳妥的搭配。绿茶带来的感觉更为平静，能够体现出一种蜜瓜的味道，但需要更高的甜度来软化余味。可乐也是同样的道理，这种搭配带来的强硬收尾可以用一些柑橘来消除。

风味阵营	B1	可乐	3
苏打水	2	椰子水	3
干姜水	2	绿茶	4

古董玩家12年
ANTIQUARY 12 YEAR OLD

　　多年以前，古董玩家威士忌别致的钻石酒瓶在格拉斯哥一家爵士酒馆里抓住了我的眼球，从此便成了我的心头好。这款酒一直没有得到最佳的赏识。它有如同蒸糖浆布丁一样的香气，平衡的、爆米花般的谷物口味，以及恰到好处的淡淡香料味让酒体不会显得软弱无力。这样的好酒应该征服更多人。富有嚼劲的华丽口感让它适合净饮，但我更喜欢加入干姜水，让软饮与酒本身的充沛风味结合，延长那些味道在口中停留的时间。可乐也是一种体面的搭配，说明用这款酒调制罗布罗伊鸡尾酒值得一试。虽然我很想试试绿茶，但这种搭配并不理想。

风味阵营	B2	可乐	4
苏打水	3	椰子水	2
干姜水	4	绿茶	2

百龄坛特醇
BALLANTINE'S FINEST

想象一下，你身处一家面包房，四处充斥着糕点、甜品、蛋糕和面粉的香气。一个孩子拽拽你的衣袖，想要你陪他在春季的第一天到公园玩。这就像百龄坛特醇，混合着活力、青草香和酯类芬芳，同时足够的甜蜜和柔润也让人觉得酒体的分量十足。对于这样的调和威士忌来说，不同的风味维度越多，就越适合用来混合饮用。如果你想加强酒体的活力，就用苏打水来调配；想要感受毫不突兀的舒缓饮品，就选择椰子水；绿茶的搭配也非常和谐，但可能会让单宁偏高。然而，用干姜水来稀释这款酒，效果堪称完美。两种饮品中的甜味相互交织，带来一种复杂且优雅的风味，新鲜感和香料创造了全新的和弦，让每一滴都在歌唱。

风味阵营	B1	可乐	2
苏打水	4	椰子水	4
干姜水	5*	绿茶	4

百龄坛17年
BALLANTINE'S 17 YEAR OLD

　　百龄坛被各界人士誉为最佳的一款调和威士忌，在这款酒中，它温和的性格被桶陈的岁月赋予了更多分量。这款酒给人的第一印象如秋日的农舍：打过蜡的地板、甜美的皮革以及成熟的杏子。但只要加入一滴水，它就能展现出深藏着的苹果和小苍兰的新鲜感，这正是百龄坛所拥有的特质。苏打水会带出额外的橡木味，而可乐和椰子水会冲淡酒体的复杂度。不奇怪，年份更高的调和威士忌显然是更挑剔的"客人"。干姜水倒是不错的搭配，绿茶塑造的柔软也会让饮品更为完美。然而对我来说，享受这款酒时来点水或者一块方冰就够了，当然还需要足够的悠闲时光。

风味阵营	B2	可乐	2
苏打水	2	椰子水	2
干姜水	4	绿茶	4

金铃喜乐

BELL'S

过于"面熟"让金铃喜乐这个品牌吃了亏。人们常常错误地将它当作老家伙的饮品，但这款来自珀斯的老牌调和威士忌值得重新品味。近几年，它辛辣且带有坚果气息的核心风味中，多出了新鲜清爽的苹果锋芒，但最令人惊喜的是它像橘子果酱般浓厚甜蜜的口感。此外，你还能在这款酒中捕捉到更丰富的元素，甚至还有一些烟熏味。加水享用的效果还不错，但加入气泡后，苏打水的干爽会与甜美的味道形成鲜明对比，带走绿色水果的青涩，成为更可口的饮料。干姜水会将甜美辛香、富含坚果味的核心进一步放大，让这组风味一鸣惊人。可乐会让坚果风味过于浓重；椰子水的搭配平平无奇；而与绿茶搭配时，两者的单宁会产生不和谐的冲撞。对这种老牌威士忌来说，经典的调酒软饮才是正确答案。

风味阵营	B2	可乐	2
苏打水	3	椰子水	3
干姜水	4	绿茶	1

黑瓶
BLACK BOTTLE

多年以来，黑瓶威士忌一向宣称自己有一颗艾雷岛的心，也因此成为岛上最受欢迎的威士忌。这个品牌也是市场上烟熏风味尤为浓重的调和威士忌之一。当然，一切都是会变的。这款酒换上了全新的外观，在风格上则回到了19世纪的本源，品牌在降低泥煤风味的同时，还为酒体赋予了额外的深度。那是一种全新的醇厚圆润风味：熟透的香蕉、太妃苹果、邓迪蛋糕以及混合了熄灭篝火气息的谷物香气。加入苏打水后，酒体中的青草香能够释放出来，浓郁的口味也仍旧分量十足。干姜水强调了成熟和饱满的风味，但在口中停留的时间较短。可乐可以激发出烟熏味，不过整体余味苦涩，而椰子水的搭配则淡而无味。令人惊喜的是，这款酒混合绿茶的口感非常清爽，尾韵大胆出色。换上新装后，这款酒依旧是酒桌上的多面手。

风味阵营	B3	可乐	2
苏打水	4	椰子水	2
干姜水	4	绿茶	4

黑雀
BLACK GROUSE

　　如果说威雀威士忌（The Famous Grouse）诠释了珀斯郡温柔、平静的性格，那么不断壮大的"雀"群中的这位新成员，则代表着那片土地的高山和荒原。作为一款泥煤风格的调和威士忌，在石楠的烟气中弥漫着人参、姜和桃子的香气，还有充沛的雪莉桶味带来平衡。烟熏味与苏打水原本就是天作之合，不用想就知道这种搭配非常合适。可乐会让大部分风味元素消失殆尽，只留下一种阴燃的焦炭味。它与椰子水的搭配，让人想起伊帕内玛海滩上的篝火。加入绿茶则能让人感受到正山小种红茶的风味。干姜水与这款威士忌是最妙的搭配，不仅能突出烟熏感，软饮本身的甜度与酒体中的葡萄干风味也发挥得淋漓尽致——这款饮料是认真的。

风味阵营	B4	可乐	2
苏打水	4	椰子水	4
干姜水	5	绿茶	4

芝华士12年
CHIVAS REGAL 12 YEAR OLD

在20世纪50年代，芝华士品牌重新调整了配方，以适应美国人清淡的口味。因此，经过12年陈酿的芝华士或许精致，但并不会显得轻浮。枫糖浆的甜美是主角，还有菠萝与红色水果的风味，些许风干水果的味道则固定住了酒体中的干草香气。与苏打水的成功搭配，证明那次配方调整是正确的：在让风味变得更为直观的同时，苏打水并未消除任何一种味道。但与干姜水的搭配会让风味变得平淡无力。尽管可乐也能加强丰富的水果风味，但椰子水才能更好地配合酒体中的坚果元素，并让甜度变得更为平衡。令人难过的是，尽管芝华士与绿茶是一种广受欢迎的搭配，但两者的组合过于干涩，会让酒体失去原本的优雅。

风味阵营	B1	可乐	3
苏打水	4	椰子水	4
干姜水	3	绿茶	2

芝华士18年
CHIVAS REGAL 18 YEAR OLD

你可能会认为，芝华士这款年份更高的调和威士忌只是"更老的芝华士12年"，但你错了。如果说相对年轻的一款是一位挺拔颀长的少女，那么她的"兄长"则刚刚结束了毕业后的间隔年，一身成熟与光鲜。在饱满的桃子与蜂蜜之外，有一抹雪茄盒的气味，烤杏仁与芫荽的味道则是他丰富经历的证明。就像现实中的兄妹一样，两款酒在搭配上也是各有好恶。苏打水会为这款18年带出苦味，椰子水则会让木头的味道过于突出，可乐的过高甜度会让饮品难以下咽。加入绿茶却能展现出酒体的花朵芬芳和水果甜蜜。干姜水更能创造和谐的口感，让木质芬芳无拘无束地发挥自己的魅力。

风味阵营	B2	可乐	2
苏打水	2	椰子水	2
干姜水	4	绿茶	4

麦格雷戈家族
CLAN MACGREGOR

在同门师兄格兰家族珍藏（Grant's Family Reserve）的光辉下，麦格雷戈家族常常被误解为用来冲击价格的产品。再想想看吧。这是一款用于调制饮品的调和麦芽威士忌（只要你不是用可乐）。它的口味新鲜清爽，带有淡淡的麦芽风味和一些植物香气，加水后还能体现出令人精神饱满的柠檬芳香。苏打水会让这款酒变得太过青涩，中间缺少的元素刚好可以用干姜水的味道来补足，还能额外加强新鲜的柑橘风味。在更高的稀释度下，椰子水可以应对它富有活力的一面，酒体中的植物气息则能与绿茶为伴。看到了吗？它一点都不差。

风味阵营	B1	可乐	2
苏打水	2	椰子水	3
干姜水	4	绿茶	4

顺风
CUTTY SARK

　　创造了爵士时代"轻骑兵冲锋"的那款调和威士忌，从未失去一丝一毫的青春明媚。没错，顺风威士忌有着骨瓷般的清爽，风味中带有焯水的杏仁、柠檬芝士蛋糕、香草以及几乎察觉不到的丝滑深度。毫不意外，它与苏打水的搭配效果非常精彩，软饮的清爽延长了酒体的甜蜜，并展露一种香水般的芬芳，调制出的饮品带有些许草本味道，会瞬间打开胃口，令人欲罢不能。干姜水的姜味过重，而即使可乐能带出雪莉桶的深度，它与这款酒的组合也不够平衡。不妨尝试用椰子水调制，发现新鲜的冰镇蜜瓜风味，或者用绿茶来提升花香。从各种角度来看，这款酒和它的不同搭配都很酷。

风味阵营	B1	可乐	2
苏打水	5*	椰子水	4
干姜水	3	绿茶	4

帝王白牌
DEWAR'S WHITE LABEL

　　老珀斯郡的调和威士忌都有甜美的成分，作为全球优秀的调和威士忌品牌之一，帝王旗下的白牌威士忌可谓是其中之最。想象一下捣碎的香蕉、融化的白巧克力冰激凌，再加上由尾韵中的丁香和肉豆蔻干皮带来的恰到好处的香料刺激。它能够从容应对每一种搭配：绿茶带来的坚果味具有日式焙茶的气质；尽管椰子水的存在感太强，用1:1的比例稀释也可以创造柔和温软的饮品；可乐不仅强调了香料的味道，还会体现芬芳的花香成分；苏打水的干涩不仅没有掩盖甜味，还带来了额外的层次。但最终的获胜者是干姜水，不论是两种甜味成分的碰撞还是辛辣的尾韵，一切都来得十分和谐。

风味阵营	B1	可乐	4
苏打水	4	椰子水	3
干姜水	5	绿茶	3

帝王12年
DEWAR'S 12 YEAR OLD

    有时候，某种调酒辅料会把威士忌带到一个全新的维度。哪一种组合会有这样的效果？你可以再猜猜看，但帝王12年与绿茶的搭配绝对是其中之一。在帝王品牌甜美口味的基础上，这款12年调和威士忌口感更加浓郁，层次也更丰富，就像加勒比海岸一次充满欢乐的假期——可可黄油香味的防晒霜、小茴香、蜂蜜和杧果充斥其间。苏打水与这款威士忌2∶1调配的效果不错，椰子水的效果也不算太差。可乐会带出酒体中的可可风味，而干姜水会将它热带的一面变成糖渍果皮的甜蜜。绿茶与这款威士忌的搭配更为复杂精妙，口感华丽浓郁，充满花香和甜美的风味，实在堪称经典。

风味阵营	B2	可乐	3
苏打水	3	椰子水	3
干姜水	4	绿茶	5*

威雀
FAMOUS GROUSE

　　这又是一款性格平易近人的珀斯郡调和威士忌。橙皮香味带来了刺激，香蕉的甜美塑造了高度，绿橄榄激发了活力，太妃糖谷物让口感变得顺滑，酒体的深度来自雪莉桶，而这一切都恰到好处，在轻描淡写间创造了完美的平衡。它与苏打水的搭配稍显生硬，但酒体中的青草风味得到了提升，还有一些可取之处。加入绿茶的味道也还不错，但酒本身的味道与绿茶的味道不能很好地融合，显得貌合神离。干姜水的效果更好，它会使中段的口感更为丰满，同时延长尾韵，再加点柠檬汁和青柠片就是一杯美味的玛米泰勒鸡尾酒。椰子水则能增加甜度以及一种轻盈、干爽的余味，成为这款平衡的调和威士忌的最佳拍档。

风味阵营	B2	可乐	2
苏打水	3	椰子水	4
干姜水	4	绿茶	3

格兰家族珍藏
GRANT'S FAMILY RESERVE

　　这款格兰家族珍藏，不知何时已经悄然成为全球销量第三的苏格兰调和威士忌。是什么魅力让世人着迷？丝滑的谷物口感支撑着它的新鲜活力，散发出烤棉花糖、杏仁片、鲜切花的风味，还有少许柔软的蜡质感和黑巧克力的深度。对它来说，苏打水是一个不错的搭档，它能为整体增添果泥一般的甜蜜，但其中的矿物质稍显粗糙。绿茶会完全掩盖酒本身的魅力，但有了柔软谷物口感和橡木桶增添的质感的加持，同样带有甜味的椰子水反而能带来不错的平衡。这款酒与干姜水搭配过于收敛，但只要加入一滴橙味苦精，就能打开一种焕然一新的活力。令人意外的是，常常与苏格兰威士忌无法和睦相处的可乐，可以与这款威士忌演好对手戏，发挥出酒体中淡淡的烟熏味与柔和的水果气息。

风味阵营	B2	可乐	5
苏打水	3	椰子水	3
干姜水	4	绿茶	2

格兰12年
GRANT'S 12 YEAR OLD

　　每一款经过12年桶陈的调和威士忌都会发生明显的变化。年轻酒体中的新鲜活力被深度和成熟所替代，谷物会产生分量感，麦芽的风味也能得到充分表现。这种变化在格兰12年中体现得淋漓尽致：鲜花与巧克力的香气交织，清脆的谷物在背景中悄然绽放，添加了朗姆酒般的香气。这款酒质感十足，口感中带有香料粉尘和清浅的薰衣草风味。即使不加调制，这款酒自身也表现出色。如果想要混合饮用，记得离绿茶和椰子水远一点，可乐的作用也不大。但另外两种老面孔的饮品都能体现出自身的个性：干姜水能够增加甜度，苏打水更能为酒本身带来提升——完全不会用力过猛，只是在原本体面的基础上带来小小的惊喜。看看吧，这就是成熟。

风味阵营	B2	可乐	3
苏打水	5	椰子水	1
干姜水	4	绿茶	2

国王街
GREAT KING STREET

用桶陈在麦芽威士忌的世界留下浓墨重彩的一笔后，康沛勃克司（Compass Box）的约翰·格拉泽（John Glaser）决定对调和威士忌出手——他在配方中使用了较高比例的麦芽，并且用首注橡木桶增加风味。结果如何？来感受一下这款酒中的美国奶油汽水、梨子和野百合风味，绿豆蔻与小茴香的甘甜挑逗味蕾，甜美的白桃在尾韵中起舞。苏打水会让这款酒豁然开朗，组合成一杯格调很高的复杂长饮。它与干姜水搭配也同样出色，软饮中的微微辛辣会让缓慢铺陈的口味迅速绽放。椰子水会让酒精感偏重，可乐带来的炭化木头味过于强烈，但绿茶会为酒体带来大量柔软的热带水果风味、茉莉花叶的清新以及足够的厚重感，真是一流的享受。

风味阵营	B2	可乐	2
苏打水	5*	椰子水	3
干姜水	4	绿茶	4

轩博
HANKEY BANNISTER

有些调和威士忌在净饮时并不能展现出它的全部魅力，这一款就是个经典的例子。当轩博威士忌拘谨而赤裸地出现在你面前，你感受到的是坚果、凝脂奶油和水果蛋糕的味道。尽管清水就能将它的味道打开一部分，而它加入苏打水后，你会看到颠覆性的变化：坚果壳的味道消失殆尽，取而代之的是富有酯类香气的青草芬芳和一直深藏不露的太妃糖风味。干姜水能够抓到酒体中柑橘的元素，也是一种不算太差的组合；绿茶表现平平；当与可乐混合时，一种可爱的樱桃香气悄然出现，甜度也会有所下降。这款调和威士忌为椰子水创造了表现的机会，尾韵中带有宜人的坚果味道。对它来说，混合饮用才是正道。

风味阵营	B1	可乐	4
苏打水	3	椰子水	4
干姜水	3	绿茶	3

珍宝特选
J&B

　　只需稍微了解，你就会发现珍宝特选威士忌中的一切已经能够尽收眼底：清浅的色调、些微的尘埃，带有梨子味糖果、青柠花、未成熟的梨以及淡淡的干净兔笼的香气。将它与苏打水混合后，风味中会增加一丝微咸。干姜水本身的香味会激起转瞬即逝的青柠气息，如果你的注意力持续时间不长，也许会喜欢这种搭配。在椰子水和绿茶较强的个性面前，这款威士忌就像暴风雨中被吹弯的棕榈树，混合出的饮品还不错，但根本无法分辨出酒本身的味道。奇怪的是，可乐却能成为这款酒的好搭档，它的甜度能激发出麦芽香气，还能让人感受到酒体本身的清新滋味。

风味阵营	B1	可乐	4
苏打水	3	椰子水	3
干姜水	3	绿茶	3

尊尼获加红牌
JOHNNIE WALKER RED LABEL

也许是全球最畅销的调和威士忌品牌的自信，让尊尼获加红牌的表现毫不羞涩。热情洋溢的姜味香料、柠檬皮、红色水果和石楠烟熏的味道似乎要从杯中蓬勃而出。谷物成分在酒体中的作用像舞池的弹簧地板，让各种喧闹的元素在其上自由跳跃。与苏打水混合能够展现出它最清爽的一面，在甜美柔软的味道背后，烟熏味和苏打水中的矿物一唱一和。干姜水是一种无须多想的绝佳搭配，洋溢着经典的活力，烟熏风味则在背景中缭绕。可乐能够突出酒中的甜味，但对于一些人来说，泥煤带来的烧灼感可能过于厚重。同样甜美的椰子水则会削弱烟熏感，添加香蕉的风味。绿茶与它更为契合，柑橘、青草和清浅的烟熏味交替闪现，也是可口的搭配。

风味阵营	B4	可乐	3
苏打水	5	椰子水	2
干姜水	5*	绿茶	4

尊尼获加黑牌
JOHNNIE WALKER BLACK LABEL

　　黑牌，又称"黑方"，是秋季果园和海岸的有力结合：黑色水果、水果蛋糕，还有芳香的烟熏风味。它就像一位在每个圈子里都风生水起的绅士，举手投足彬彬有礼，时常主动付出，让伴侣感到安心。烟熏味与苏打水的组合能够发挥它的魅力，还增加了一种深邃的甜美。干姜水是它老练的搭档，甜蜜芳香的同时，复杂风味在口中停留的时间也得到了延长。它与可乐相处得尚可，深色的元素稍有提升，而与绿茶的搭配虽然不够出色，但也还算可口。与椰子水搭配时，这位"绅士"穿上了白色的西装，轻松地与这位新朋友谈笑风生，挑动出新的味道和一种温柔的烘烤气息。似乎没有什么可以掩盖它温文尔雅的魅力。

风味阵营	B4	可乐	3
苏打水	5	椰子水	5
干姜水	5*	绿茶	3

尊尼获加金牌珍藏
JOHNNIE WALKER GOLD LABEL RESERVE

为了替代之前的18年调和威士忌，尊尼获加发布了这款产品，而这位新成员也和它的"前辈"一样丰满。这款酒会把你带进一所农舍的厨房，桌上摆着甜美的蜂巢、橘子果酱，还有涂满了新鲜奶油的司康饼。一阵清新的海风带来了淡淡的烟熏味，而正如我们所知，苏打水会让这种烟熏感发挥更多魅力，但这次苏打水与酒的比例需要调整到1:1，才能留住酒体柔软的性格。它与可乐的搭配是个车祸现场，与绿茶也会混出一种奇怪的皮革味。尽管椰子水与它还算合拍，但与尊尼获加的另外两款产品一样，干姜水才是最好的伴侣。一股烟气缓缓流动、风味得到延伸的同时，蜂蜜与腰果的层次会被干姜水加强，不过你仍需将比例调整到1:1。直接加冰饮用也不错。

风味阵营	B2	可乐	1
苏打水	4	椰子水	3
干姜水	4	绿茶	2

欧伯12年
OLD PARR 12 YEAR OLD

如同许多著名的老牌调和威士忌一样，欧伯的性格也可以追溯到调配师们常用雪莉桶为酒体赋予血肉和深度的年代。这类调和威士忌的技巧在于：要在葡萄干、枣和核桃以及轻盈的香味营造出的、如同皮革长沙发一样的舒适中，创造出平衡的风味。这款酒表现出的则是烧过的橙皮、葛缕子和芫荽。清水可以带来一种厚重的果味以及富有黑加仑气息的嚼劲，也就是说，它更适合与甜味软饮搭配享用。苏打水太过干涩，干姜水也平平无奇。椰子水与这款酒的组合口感扎实，回味悠长，还有奶油般的细腻。绿茶带来的混合饮品口味大胆，带有甜胡椒和鲜花气息，但与可乐的完美搭配相比还是显得苍白。加入可乐时，深邃的层次和李子的甜美证明这款酒在罗布罗伊鸡尾酒中也会有出色表现。

风味阵营	B3	可乐	5
苏打水	2	椰子水	4
干姜水	3	绿茶	4

皇家礼炮21年
ROYAL SALUTE 21 YEAR OLD

　　不论人们用什么时下新词来表述高档苏格兰威士忌（比如"超高端"这种形容词），皇家礼炮都以精致复杂的风味和美妙的深度牢牢守护着优雅调和威士忌的纯正血统。换句话说，这是一款单一麦芽纯粹主义者都该尝试的调和威士忌。它的香气就像打开一个装满风干热带水果的檀木匣，这种富有异域风情的麝香和皮革气息，会伴随芝华士标志性的甜味铺陈开来，再由红醋栗的风味带来提升。你会发现，这款调和威士忌本身已经足够丰满华丽。我以不同的比例尝试用软饮混合，但没有一种配方能够加强这款本已有着极强表现力的威士忌。年轻的调和威士忌需要混合饮用，而对于这种更成熟的酒，还是让它独自绽放吧。

风味阵营	B3	可乐	N/A
苏打水	N/A	椰子水	N/A
干姜水	N/A	绿茶	N/A

苏格里德
SCOTTISH LEADER

  这款酒给人的第一印象是开朗的。相当强劲的香气引出奶油太妃糖以及一丝令人愉快的熏腿肉排的味道。它与果蔬店有一点神似，水果支配着它的整体口味，品尝时舌头中部会感受到一种实实在在的厚重。一切都显得直接而坦率。搭配苏打水的口味太咸，尽管风干水果风味适合干姜水，用这款酒来搭配时则没有太多亮点。绿茶可以发掘出酒体甜美的内心，让层次感进一步加强。椰子水能够充分烘烤椰子的香气。可乐会让酒体中的红色与黑色水果相得益彰，带来成熟、丰润和充实的口感——这下，风味就一点都不简单了。

风味阵营	B3	可乐	5
苏打水	2	椰子水	4
干姜水	3	绿茶	4

醒池
TEACH ER'S

　　这是老牌格拉斯哥调和威士忌中的最后一批幸存者之一，保留了代表性的烟熏风味带来的厚重感。它带有成熟水果、麦芽面包和皮靴抛光蜡的深邃与复杂，柠檬和薄荷香气则提升了风味。它与绿茶的搭配非常勉强，带有过多的泥土味烟气。可乐能为酒体带来甘草的香气，但似乎有点用力过猛。干姜水的清爽干涩能够加强烟熏味，不过还需要一些甜橙的加持才能达到完美效果。与椰子水搭配不需要犹豫，烟熏气息、烘焙元素、较高的甜度和厚重的质感编织成了美好的画面。然而，还是苏打水最能激发这款酒的魔力，展现它真正精致的一面，让它成为一杯优秀而成熟的威士忌饮品。

风味阵营	B4	可乐	3
苏打水	5	椰子水	4
干姜水	3	绿茶	2

白马
WHITE HORSE

　　白马威士忌是为数不多的、仍然坚持着烟熏风味的调和威士忌。干爽的泥煤在味蕾上与柔软而开朗的谷物风味碰撞，尾韵充满新鲜活力，还带有一些烟熏感。然而，当你加入了正确的软饮，这匹白马就会一跃而起。混入苏打水后浅尝一口，你就能体会到"过电"的快感：这款酒的复杂口味展现得淋漓尽致，苏打水中的矿物、酒体中的烟熏气息和尾韵的甜美让你欲罢不能。干姜水会带来一种甜苦交织的刺激，整体表现不错，但可乐和绿茶就不必尝试了。椰子水与这款酒搭配，就像一场巴西海滩烧烤派对，而威士忌在你的舌尖上跳着的，是苏格兰风格的桑巴舞。

风味阵营	B4	可乐	1
苏打水	5	椰子水	4
干姜水	3	绿茶	1

怀特马凯
WHYTE & MACKAY

毫无疑问，"虎背熊腰"这个词在某种情况下是对人的冒犯，不过在威士忌的词典里可不是这样。怀特马凯的这款产品（亦被称为红狮、双狮）就是这样"粗壮"大气的调和威士忌。糖蜜、咖啡、草莓果酱与微妙的烟熏味和充沛的风干水果在其中相互交织。品牌奢侈地使用了雪莉桶，但也确实为酒体带来了足够的提升，让各种风味达到平衡。然而，雪莉桶带来的分量让它在混合享用时不那么合群。苏打水太过生硬，干姜水举步维艰，椰子水干脆把整个饮料变成了味噌汤。绿茶倒是可以帮上忙，使它的口味变得更像大吉岭红茶，还会与酒体一同产生芬芳的花香层次感。可乐会与这款酒正面碰撞，在两个强者的角力中，经过烧灼的深色水果风味迸发而出——毫不羞涩，毫不细腻，这款威士忌确实够强壮。

风味阵营	B3	可乐	4
苏打水	1	椰子水	2
干姜水	2	绿茶	3

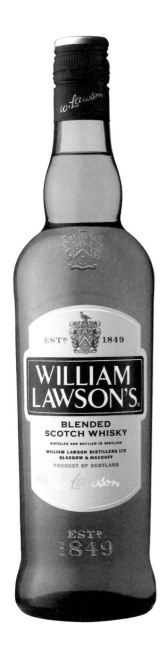

巍廉罗盛
WILLIAM LAWSON'S

在帝王威士忌光芒的掩盖下，巍廉罗盛一度被视为在百加得（Bacardi）家族充数的成员。但在俄罗斯市场的流行，让这款威士忌一跃成为全球增长迅速的调和威士忌之一。当然，在白胡椒、太妃苹果和甜味香料风味的交织闪现中，这个果味十足的"小家伙"确实有点实力。混入苏打水后，这款酒有时会跳出新鲜的元素，然后让它们显得更生涩，因此这不是理想的搭配。可乐和绿茶足够诚实，效果不算太糟。椰子水会对这款酒展现出温柔亲和的一面，在不减损酒体的力量感的同时，发掘出隐藏的成熟水果风味。然而，有着甜味香料元素的干姜水仍旧是这款威士忌的最佳搭档。哦，不愧是俄罗斯人。

风味阵营	B1	可乐	3
苏打水	2	椰子水	4
干姜水	4	绿茶	3

温莎12年
WINDSOR 12 YEAR OLD

　　风度翩翩的温莎家族一度专供韩国，但现在它也开始走向亚洲其他地区。这款12年桶陈调和威士忌非常温柔甜美，奶油口感十足，就像浇了糖浆和碎榛子的香草甜杏冰激凌。这样的精妙和温柔，意味着苏打水在1∶1的比例下能够充分展示这款酒的焦糖和杏仁蛋白糖风味。干姜水的比例也需要调低，可以带来一种热情的余味。与可乐混合时，这款酒呈现的是熟透的木瓜和淡淡的烧焦气息。另外两种软饮都能带来水果的味道，椰子水会产生苹果风味，绿茶则是梨和番石榴。其实，只需一点点清水或一块方冰，它的表现就同样出彩——真是个温文尔雅的"大家闺秀"。

风味阵营	B2	可乐	3
苏打水	4	椰子水	4
干姜水	3	绿茶	3

苏格兰麦芽威士忌

有些人认为麦芽威士忌不适合调酒，或者用"正统派"的话来说，就是不应该混合饮用。但从整体来看，它们的表现与苏格兰调和威士忌不相上下。

在这里，你要面对的是更浓郁的麦芽威士忌，每种风味阵营中都有着更多变化。一种组合也许还不错，但另一种可能恰恰相反。调和威士忌或许确实对你百依百顺，而麦芽威士忌的性格就难以预测得多。

总体而言，清淡的威士忌基本都适合苏打水、干姜水和椰子水，与可乐或绿茶的搭配则不甚理想。水果风味浓重的阵营中，经典老牌大多与干净的气泡饮料相处融洽，另外的则更喜欢椰子水。与其他威士忌相比，雪莉桶风味浓重的麦芽威士忌对可乐更加排斥，较高的单宁含量也让它们无法融入椰子水和同样富有单宁的绿茶。在所有的组合中，平均分数更高的依旧是烟熏威士忌与苏打水的搭配，但它们与其他软饮混合时，表现就有些参差不齐了。

深入研究这些搭配后，我发现：虽然简单混合威士忌和软饮有时并不会产生惊艳的效果，但只要加一点点柑橘风味，这些混合饮品就会一鸣惊人。同样，干姜水、椰子水和绿茶，也可以与麦芽威士忌一起调制出优秀的鸡尾酒。可以说，麦芽威士忌是可以用来调酒的，但每一款都有自己的一套。

艾柏迪12年
ABERFELDY 12 YEAR OLD

把我扔进蜂蜜罐里吧！这是我净饮艾柏迪时的唯一想法，加冰或加水饮用也是一样。现在在为你奉上属于享乐主义者的威士忌：浓厚的蜂巢与希腊酸奶配上一团草莓酱和新鲜的桃子果肉。已经感受到它的诱惑了？你还可以加上等量的苏打水，发现它花香馥郁的一面，或者用干姜水凸显橡木的甜美。其他的组合就没有这么成功了，尤其令人意外的是椰子水，原本甜美柔软的两种饮品混合后瞬间变得干涩。绿茶虽然气味芳香，但除此之外没有任何亮点，可乐的味道也是一言难尽。它们都不算太糟，但如果不够性感，又怎么称得上是艾柏迪呢？

风味阵营	M2	可乐	2
苏打水	4	椰子水	2
干姜水	3	绿茶	3

亚伯乐阿布纳
ABERLOUR A'BUNADH

亚伯乐品牌的产品范围很广，令人目不暇接。它们的味道从谷物到太妃糖，从浓厚的果味到柔润的香草，唯一的共同点是若隐若现的黑加仑风味。原桶强度的阿布纳是"家族"中最为强劲大胆的，但也最难与其他成分妥协。酒体带有红宝石光芒的红木色泽只意味着一件事——首注雪莉桶。毫不意外，这款稍显狂热的麦芽威士忌浓缩了山楂、西梅，没错，还有黑加仑和些许松香的风味。加水饮用时，酒体会体现出少许带有肉质的硫黄气息，但对于这样原桶强度的强壮"野兽"来说，它的口味已经非常温柔了。慢慢品味，加点水，不过听我的建议：别把它与其他饮料混合饮用。

风味阵营	M3	可乐	N/A
苏打水	N/A	椰子水	N/A
干姜水	N/A	绿茶	N/A

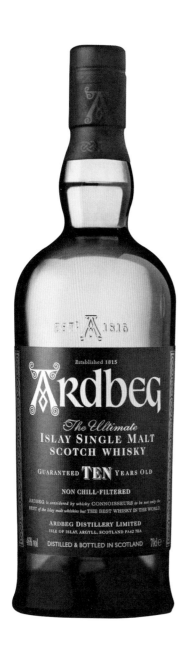

雅伯10年
ARDBEG 10 YEAR OLD

　　经过10年桶陈的雅伯一向趾高气扬。没有温言软语，没有小心翼翼地试探，它盯着你的眼睛，直截了当："想来点烟？交给我。"因此，你也可以轻易预见之后会发生什么。这款酒中强悍的烟熏风味混合着海岸气息和熏制室中的煤烟，不过你还能在其中捕捉到青柠、苔藓、苹果和月桂树叶的香气。苏打水能够添加一定的盐分和更强的冲劲，就像是一个不断催促着团伙头目向前冲的亲信。干姜水会衬托出一种奇怪的洋蓟气味，可乐在烟熏味的作用下毫无存在感，绿茶同样感到无所适从。只有椰子水的淙淙细浪，才能让这款桀骜不驯的威士忌在海滩上静静舒展身躯，敛去叛逆的锋芒。

风味阵营	M4	可乐	3
苏打水	4	椰子水	4
干姜水	3	绿茶	2

艾伦14年
ARRAN MALT 14 YEAR OLD

在介绍艾伦这个品牌时，将它描述为苏格兰"最新的蒸馏厂"的日子已经一去不复返了。这款桶陈年份已经达到14年的成熟威士忌，发展出了令人愉快的丰满酒体，以搭配它富有饼干香味的核心，以及颇为辛辣、带有炙烤橙皮和大麦糖风味的前调。苏打水中的矿物成分，会为饮品增加过多的苦味，威士忌中的麦芽风味在椰子水中变得过于突兀。尽管它与可乐混合后会产生淡淡的木头味，但整体还算可口。还是绿茶和干姜水更能发挥作用。绿茶会用香气为这款酒带来提升，只需再添加一点点甜味就会变得更完美，可以以此作为基底，调制优秀的鸡尾酒。干姜水的表现相当惊艳：平衡、富有活力，酒与软饮紧密结合，相得益彰。

风味阵营	M2	可乐	3
苏打水	2	椰子水	2
干姜水	4	绿茶	3

百富双桶
BALVENIE DOUBLEWOOD

作为麦芽威士忌，百富总是显得"处变不惊"。不论用什么桶型进行熟成，百富都会温柔优雅地找到自己的平衡。在这款酒中，流动的鲜花花蜜和轻盈的麦片舔舐着来自橡木桶的香草和风干水果的风味，还额外带来了炖煮水果的成熟与甜蜜。苏打水与这款酒以1:1的比例混合，会创造出带有淡淡香味的美味饮品。可乐的浓郁味道稍显怪异，但随之而来的樱桃、香草和草本香气证明这款酒调制罗布罗伊会有不俗表现。除此之外，一向温厚的百富一下子转变了态度。它与干姜水的组合淡而无味；与椰子水完全不能相容；遇到绿茶时，则变成了一个嚷着"我不想理你"的叛逆少年。凡事都有它的局限性，就算百富也不例外。

风味阵营	M3	可乐	3
苏打水	4	椰子水	2
干姜水	2	绿茶	1

波摩12年
BOWMORE 12 YEAR OLD

　　没有去过艾雷岛的人，大多认为那是一个潮湿的小岛。尽管这里的狂风骤雨确实人尽皆知，但在阳光明媚的日子里，色彩变幻多端的大海和白色的沙滩，会让人联想到加勒比海岸的灿烂。这正是波摩捕捉到的一面。没错，艾雷岛芬芳的泥煤和扑面而来的盐水味道尽收其中，但白桃和杧果的甜美随之而来。这种热带风情在麦芽威士忌爱好者中备受推崇，而简单的搭配更能将它展现得淋漓尽致。苏打水就能胜任，还会与酒体中内敛的烟熏风味和谐相处。干姜水可以为之添加甜味香料的层次。这款水果沙拉一般的威士忌还能与可乐交织柔润的口感。尽管绿茶的表现也不错，但最不需要犹豫的搭配还是椰子水：释放番石榴、木瓜、杧果，还有淡淡的烟熏味，在口中回味绵长——这就是阳光灿烂的样子。

风味阵营	M4	可乐	4
苏打水	5	椰子水	5
干姜水	4	绿茶	3

布赫拉迪10年
BRUICHLADDICH 10 YEAR OLD

你不可能讨厌布赫拉迪，就像你不可能拒绝一只眼泪汪汪的小狗。这款麦芽威士忌柔和清新，散发着柠檬、水仙、奶油和炽热沙子的香气，甜美的核心则像是巧克力麦芽牛奶。这一切美味沿着舌头划过，还有活泼的香料风味完成谢幕。对于可乐来说，这款酒有点太"软"了，绿茶也显得颇为任性。干姜水可以与这款酒的尾韵融合，但需要一些甜橙的味道作为辅助，否则整体的口味就会偏干。苏打水能够对核心中的麦芽味稍加推动，但仅此而已。天生具有酸甜元素的椰子水与这款酒是不错的搭配，但会添加一些烧焦的味道。

风味阵营	M2	可乐	1
苏打水	3	椰子水	3
干姜水	4	绿茶	2

黑石卡杜12年
CARDHU 12 YEAR OLD

　　将清淡等同于平淡，是人们对单一麦芽威士忌的一种普遍误解，殊不知这就像是在说拳击手曼尼·帕奎奥（Manny Pacquiao）如果做一名会计师，现在应该混得更好。黑石卡杜就是这样一个专注的羽量级拳击手。柠檬、青草和香料在味蕾上跃动，微酸的尾韵在混合饮用时优势十足。然而，在稀释时一定要留意这款酒的轻盈，如果需要净饮，我会选择加一块方冰，而不是直接加水。加入等量的苏打水，会有一种新鲜的橙皮风味，为这款酒带来升华。同样的道理也适用于干姜水，这样的搭配可谓佳偶天成。它与可乐的组合虽然比较生硬，但也有一定可取之处，而与椰子水就显得平平无奇，与绿茶的表现更是不甚理想。

风味阵营	M2	可乐	3
苏打水	4	椰子水	2
干姜水	4	绿茶	2

格兰花格15年
GLENFARCLAS 15 YEAR OLD

作为一家老牌斯佩塞麦芽威士忌蒸馏厂，格兰花格向来以坚持直火蒸馏和雪莉桶熟成而闻名。尽管这款15年桶陈威士忌色泽浅淡，但在蒸馏过程中产生的近乎烧焦的浓郁气味和风干水果（葡萄干）的冲击力会占据口腔，同时还有微妙的龙舌兰糖浆、草莓和玫瑰水的甜美。在如此丰富的风味之下，这款酒与带有浓稠味道的可乐和椰子水搭配时显得无所适从，苏打水也不过像是加了气泡的水而已。然而干姜水带来的组合非常喜人，酒体中的风干水果风味会追逐着软饮中的甜味层层推进。与其他雪莉桶陈酿的威士忌不同，这款酒与绿茶搭配相当平衡——这一点都不传统，但好喝就够了。

风味阵营	M3	可乐	1
苏打水	2	椰子水	1
干姜水	4	绿茶	4

格兰菲迪12年
GLENFIDDICH 12 YEAR OLD

　　近年来，这款全球销量领先的麦芽威士忌多了一些厚重感。别怕，它仍旧甜美如常，有着梨、香蕉和各种果园水果的味道，但伴随着往日香草气息的，还有风干水果的味道和更多的嚼劲。苏打水（1：1混合）能够将清新、绿色和像春天一般的元素凸显出来，还有茴香与薰衣草的芬芳，加上一小片苹果，效果会更加出众。干姜水会将酒体中清脆的苹果风味"捣碎"，软化成水果泥的柔软甜蜜。绿茶会带来过多的尘土味，可乐则会让酒体出现奇怪的湿皮革气味。椰子水与这款酒的搭配需要加入一些其他辅料进行小小的调整。换句话说，这款威士忌用来调制鸡尾酒还蕴含着很大潜力。

风味阵营	M1	可乐	1
苏打水	4	椰子水	3
干姜水	3	绿茶	2

格兰菲迪15年
GLENFIDDICH 15 YEAR OLD

温热的黄油全麦吐司上，涂着厚厚的李子果酱。这就是这款经过索雷拉桶洗礼的麦芽威士忌，从玻璃杯中一跃而出，与你打的第一声招呼。这时的格兰菲迪，展现出了它最为慈爱包容、温暖人心的一面，深色水果与巧克力的味道相互交织，既温柔又强烈。因此，苏打水为它带来的浓郁草本气息是个小小的惊喜，但注意不要稀释过多。与干姜水混合时，结果还算平衡，但没有什么亮点。与可乐混合会带出一丝黑刺李的味道，各种强烈的味道掩盖了酒本身的魅力。椰子水与它搭配，产生的气味像椰蓉夹心巧克力，但口感十分生硬。绿茶中的单宁会与酒体产生冲撞，效果也不理想。这款酒的复杂度，让它足以支撑优秀的鸡尾酒，或者净饮也不错。

索雷拉桶：索雷拉（Solera）系统是一种常用在雪莉酒、白兰地等领域的陈酿方法，需要使用一组酒桶层层叠放，每年将上层的新酒中的一部分转移到下层，以逐步混合不同年份的酒液。索雷拉桶通常指最下层，盛放最老酒液的木桶。

风味阵营	M3	可乐	3
苏打水	3	椰子水	2
干姜水	2	绿茶	2

格兰冠10年
GLEN GRANT 10 YEAR OLD

　　格兰特少校（Major Grant）是格兰冠蒸馏厂在爱德华七世时代的所有者。他有一间温室，种植着许多露斯镇当地人从未见过的奇妙水果。这个品牌的威士忌，至今仍然保留着一些温室中的气息：香蕉、蜜瓜果皮、奇异果、荔枝和鲜花扑面而来。这款酒的酒体干净芬芳，在清爽的同时带有淡淡的奶油口味。稀释饮用的时候，一定要注意比例。它与苏打水1:1组合，再加一点黄瓜或薄荷元素，就是一杯很酷的饮品。干姜水和可乐都显得过于霸道，后者更是留下了一种尘土风味。对于苏格兰威士忌而言，更为"新潮"的两种搭配反而更令人满意。椰子水与它的组合必须要冰冰凉凉地长饮；而与绿茶组合带来的饮品芳香、干净而平衡。顺便告诉你，当年的温室现在仍旧在使用。

风味阵营	M1	可乐	2
苏打水	4	椰子水	3
干姜水	2	绿茶	3

格兰威特12年
THE GLENLIVET 12 YEAR OLD

还有什么比母亲节当天送到床边的早餐更令人惬意的吗？在我们面前的是一大束鲜切花、奶油、樱桃汁和苹果菠萝水果沙拉，而后，一股白胡椒的味道冒出头，让你感觉准备这场盛筵的厨房里，肯定混进了几个调皮的孩子。你不该掩盖这样的可爱之处，因此在混合时不要尝试椰子水和绿茶。可乐感觉有点奇怪，但香草与根茎的味道从中升腾。苏打水的效果更好，大量清脆的水果与紧实的矿物相互融合，非常解渴。干姜水本身就活泼而充满能量，在这个"早餐盘"中加入了全新的夏日石楠花气息。打开它，你就打开了幸福惬意的一天。

风味阵营	M1	可乐	3
苏打水	3	椰子水	2
干姜水	4	绿茶	2

格兰威特18年
THE GLENLIVET 18 YEAR OLD

在这里，格兰威特12年的清新被更为深邃的东西取代。年轻酒体中的青苹果已经变红，菠萝经过了火烤，鲜花稍稍变干了一些，而先前的"早餐拼盘"也变成了一个松木制作的雪茄盒。酒体中有雪莉桶、太妃糖和食用大黄的味道，让你不禁开始想，这款威士忌用来制作混合饮品能有多优秀。它与绿茶完全不搭（说是"撞车"也不夸张），与椰子水显得貌合神离，可乐就更不必要了。但这款酒混入苏打水（苏打水：威士忌=2∶1），会形成一种绝佳的饮料，口感坚实，所富含的柠檬香气甚至"平息"了橡木桶的生硬味道。干姜水则是能量、生活和复杂度三者的最好搭档。

风味阵营	M3	可乐	3
苏打水	4	椰子水	2
干姜水	4	绿茶	1

格兰杰经典
GLENMORANGIE THE ORIGINAL

　　人们通常不会把享乐主义与苏格兰挂钩。我本身就不同意这种观点，格兰杰经典威士忌更是实实在在地证明了苏格兰人的快乐。这款奢华且注重感官享受的威士忌混合了甜橙、番石榴和百香果的甜美，搭配榛子和薄荷，最后再统统包裹进凝脂奶油的柔润之中。你可能会认为苏打水的效果偏干，但在快速饮用时，它会为酒体添加一种夜香紫罗兰的味道。干姜水带来的搭配精致和谐，软饮中的香料味延长了味觉，在更高的稀释度下，还会带来番红花和胡椒般的香气。可乐并不属于这种快乐，因此可以把它放到一边。椰子水也不像你想得那么简单，它会为酒体增加一些花香，但随之而来的酸度令人望而却步。绿茶则会带来酯香和花香。在我看来，这款酒就是我们享乐主义的证明。

风味阵营	M2	可乐	2
苏打水	5	椰子水	3
干姜水	5	绿茶	3

高原骑士12年
HIGHLAND PARK 12 YEAR OLD

奥克尼群岛和它的麦芽威士忌，似乎在苏格兰每个蒸馏师心目中的排名都数一数二。没错，它不会少了烟熏风味，但并不像艾雷岛威士忌那般浓重。相反，有嚼劲的太妃糖、苦橙皮、熟透香蕉和黄油太妃软糖的风味让它不会锋芒毕露，还有花朵和石楠木的芬芳。清水会让这种味道更为明显，还会增添一种檀木香气和老雪茄的烟熏风味。但很奇怪的是，这款酒与其他软饮混合并不容易。苏打水的搭配相对清爽，酒体中的甜度勉强可以平衡。干姜水与一些麦芽威士忌不能融洽相处，在这里显得也非常平淡。可乐与它搭配简直是在浪费所有人的时间，椰子水也难以驾驭。好了，这下你应该可以猜到，绿茶也不行。对于这款威士忌来说，最简单的才是最好的。

风味阵营	M4	可乐	1
苏打水	3	椰子水	2
干姜水	2	绿茶	1

高原骑士18年
HIGHLAND PARK 18 YEAR OLD

　　奥克尼群岛上有一种椅子，上面有一个巨大的柳条罩，让坐在椅子上的人免受风吹雨淋。在品尝这款威士忌时，我的脑海里出现的就是坐着这种椅子时的感觉：火堆上冒烟的泥煤、盛满太妃糖和姜饼的盘子，还有满罐的橘子果酱和糖渍橙皮。这款威士忌温暖而浓郁，富有浓重的雪莉桶风味，在混合饮用时则不那么合群。苏打水可以留住浓郁的口感和烟熏味，但几乎打破了平衡。干姜水会为酒体增添杜松子和甘草根的风味，说明这种组合也许能在更复杂的鸡尾酒中表现出色。可乐和椰子水都完全失败了，绿茶和这款酒之间也会发生一场恶战。还是坐在壁炉边，享受这款威士忌原本的味道吧。

风味阵营	M3/4	可乐	1
苏打水	3	椰子水	1
干姜水	3	绿茶	1

齐侯门玛吉湾
KILHOMAN MACHIR BAY

　　尽管齐侯门在2005年才开始生产，它的产品并没有许多年轻威士忌那样充满橡胶和工业感的恼人气味。相反，标志性的泥煤风味与丰腴的果味达到了平衡，让闷燃的烟火气息与薄荷、梨和丁香的芬芳交织起舞。在苏打水的加持下，充沛的牡蛎、盐水和海滩篝火的风味显现，油润感则让它不致太过干涩，成为一杯不错的"杀手高球"鸡尾酒。干姜水自带的香料味与之融合，在烟熏气息中还能找到一些奶油般的水果味。与可乐搭配产生的味道，会让你想起篝火晚会第二天清晨的衣物。它与椰子水会组合出一种讨喜的烟熏菠萝风味，而加入绿茶则会让人感觉自己身处上海的老街，在一间茶馆里啜饮正山小种红茶。对于一款年轻的酒来说，它的表现令人颇感惊喜。

风味阵营	M4	可乐	3
苏打水	5*	椰子水	5
干姜水	3	绿茶	4

龙康得12年
KNOCKANDO 12 YEAR OLD

　　龙康得给人的感觉虚无缥缈、脆弱而空灵。它的口感干净，稍带坚果风味，还带有面粉厂中的粉尘感，甚至在背景中能捕捉到一丝熟麦麸的味道，而一种蓬松的柠檬甘甜让酒体不会太干。这款酒用来混合享用时，完全不必担心橡木桶味的干扰，它的真正问题在于不够甜美，而苏打水刚好能将真正的甜味带出来。干姜水能够带走粉尘元素，还增加了甜味和风味的留存时间，表现同样出色。由于没有橡木风味的影响，可乐、椰子水和绿茶的表现也同样令人满意。总而言之，想要从这款酒中收获更多？那就尝试长饮吧。

风味阵营	M1	可乐	3
苏打水	4	椰子水	3
干姜水	4	绿茶	3

乐加维林16年
LAGAVULIN 16 YEAR OLD

　　乐加维林会带你踏上一场平行世界的艾雷岛之旅。标志性的海岸风味不会缺席，还有月桂和百里香的香气，但燃烧的杜松子、焚香以及正山小种红茶会带来一种藏式的异域风情。当你提出要制作混合饮品时，它看起来像是要拒你于千里之外，但苏打水其实可以让烟熏味和海藻的香气发散出来，干姜水也会让你找到在渔船上抽粗糙烟丝的爽快感觉。椰子水和这款酒起初可以融洽相处，不过乐加维林很快就会将它的伙伴踩在脚下。尽管你可能认为，稍稍带有红茶味的酒体能与绿茶搭配，但这款威士忌蕴含的风味本身就够多了。令人惊讶的是，这款酒与等量可乐搭配的效果非常美妙：强劲、微苦，还有熏肉的味道，口感浓郁而甘甜。如果麦芽威士忌纯粹主义者跟你争辩起来，那就用这款酒做一杯罗布罗伊，堵住他们的嘴。

风味阵营	M4	可乐	5
苏打水	4	椰子水	2
干姜水	4	绿茶	2

拉弗格10年
LAPHROAIG 10 YEAR OLD

拉弗格的烟熏风味有些与众不同，它像是要把你拖到海边铁路的枕木上，展现出更干的泥土味和烟灰味道以及一种奇妙的碘味，但风味的背景中还有奶油般的柔软和甜蜜的烤麦芽坐镇。这些元素都是调制混合饮品的关键。烟熏风味和苏打水是天作之合，就像《虎豹小霸王》(*Butch Cassidy and the Sundance Kid*) 里的那对好搭档。在这款酒的搭配中，苏打水为酒体添加了一种冷杉和冬青的香气，以及柔软细腻的核心。它与干姜水的组合药味偏重但还算甜美，烟熏味则在后调中才能显现出来。与可乐搭配时，酒体的烟熏味会得到提升。尽管椰子水的搭配看似简单，但有了麦芽的甜蜜来固定风味，烟熏感可以在其中自由流淌。可惜，这款酒与绿茶不是理想的搭档。

风味阵营	M4	可乐	4
苏打水	5	椰子水	4
干姜水	3	绿茶	2

麦卡伦灿金
MACALLAN GOLD

  雪莉桶威士忌各有千秋，并不是每一款都有浓重的口味和较强的单宁。麦卡伦的这款威士忌就展现了雪莉桶温柔的一面，温暖的酵母元素稍有刺激感，还有一些淡淡的杏仁、烤出浅焦表层的奶油甜点、葡萄干、干草和杏脯的香甜。以1:1的比例混入苏打水，这些刺激元素都会被抚平，让酒体中真正的甜味浮上表面，这种细腻的口感比用水稀释来得更加讨人喜欢。干姜水可能会与雪莉桶味相互排斥，在这里的结果就是如此。尽管它与可乐混合能散发出香气，但两者的口味会产生冲突。椰子水的表现欠佳，绿茶也毫不意外地无法和雪莉桶风味融合。让这款酒好喝的关键就是一切从简，加苏打水或者加冰，而且让酒越浓越好。

风味阵营	M2	可乐	2
苏打水	4	椰子水	2
干姜水	1	绿茶	1

麦卡伦18年（雪莉桶）
MACALLAN 18 YEAR OLD (SHERRY)

这款酒是麦卡伦名副其实的代表作。在雪莉旧桶中度过的18年时光在酒体油润而肉感十足的核心中，添加了李子、红枣、胡桃、鞋蜡、葡萄干和带有淡淡金属味的糖蜜的深邃香气。在厚重口味的支撑下，净饮和少量加水饮用时的单宁感并不恼人，加水还会带出更多的水果风味。但如果你尝试用它与其他软饮混合，情况就完全不同了。苏打水是这些软饮中最简单的，但木桶的风味会与其中偏干的质感发生激烈碰撞。与其他软饮混合也会不同程度地出现这样的现象。有些麦芽威士忌确实只适合净饮，麦卡伦的这款作品就是其中之一。

风味阵营	M3	可乐	N/A
苏打水	N/A	椰子水	N/A
干姜水	N/A	绿茶	N/A

三只猴子
MONKEY SHOULDER

这是一款调和麦芽威士忌，生产的初衷是将波本爱好者拉进苏格兰威士忌的世界，但它的香味让它成功地打进了加拿大市场，而非美国肯塔基州。在干净甜美的口感之外，美国橡木桶的鲜明作用带来了羽毛般的香草风味，像柔软的气垫一样，让桃子、咸奶油糖、煮过的梨子、焦糖和蜂巢糖块的元素在其上跳跃。苏打水能够保留这些甜美的风味，并额外添加了小苍兰和风信子的香氛。干姜水表现出色，做成玛米泰勒鸡尾酒可能更加美味。尽管椰子水和绿茶不像前两种搭配那么亮眼，但总体还是不错的混合饮品。可乐是评判的关键：它会为酒体额外增添红色水果的层次，但却没有带来更多干涩的木质风味。在调配方面，这款酒是个"全优生"，鉴定完毕。

风味阵营	M2	可乐	4
苏打水	4	椰子水	3
干姜水	4	绿茶	3

欧本14年
OBAN 14 YEAR OLD

　　柑橘元素是威士忌重要的风味桥梁之一，而欧本充盈的柑橘味道会让你感觉自己迷失在了热带气息十足的果园里。在这款酒中，尽管烤桃子、肉豆蔻和白巧克力的风味百花齐放，你还是无法逃离柑橘的包裹——不论是蜜饯、果冻、橘络还是果皮，你永远都会在其中发现柑橘的影子。苏打水带来的混合饮品新鲜而富有活力，还升华出了橙花的芬芳、淡淡的烟熏味和嘴唇上的一丝微咸。用它搭配绿茶的口味凌乱不堪，可乐也是甜度超标的事故现场，但柑橘风味和椰子水相处得还算融洽。干姜水则是不折不扣的明星：它抓住了柑橘的浓郁，扬帆朝着加勒比海的库拉索远航，沿路留下令人愉快的烟熏感和香料的足迹。这是享用这款酒的最佳方式。

风味阵营	M2	可乐	2
苏打水	4	椰子水	3
干姜水	5*	绿茶	2

苏格登达夫镇12年
SINGLETON OF DUFFTOWN 12 YEAR OLD

在苏格登"三人组"中，这款专供欧洲市场的麦芽威士忌口感浓郁适中，美国橡木桶（更明显的）和欧洲橡木桶为核心的坚果风味赋予了重量感，让人们能够品尝到维他麦（Weetabix）麦片、邓迪蛋糕以及淡淡的麦粥和白布丁风味。对于这款威士忌而言，苏打水稍显生硬，但整体口味尚可。加入绿茶则相当突兀，椰子水的丰腴似乎可以与酒体更好地融合，还会添加些微芝麻香气。用1:1的比例混入可乐，产生的无花果元素非常喜人，干姜水也可以与它搭配出不错的效果。

苏格登"三人组"：苏格登的3条产品线分别在3个不同的蒸馏厂中生产，专供亚洲市场的是位于高地的格兰欧德（Glen Ord），欧洲市场的是斯佩塞地区的达夫镇（Dufftown），同样位于斯佩塞地区的格兰杜兰（Glendullan）的产品销往美洲市场。

风味阵营	M3	可乐	4
苏打水	3	椰子水	3
干姜水	3	绿茶	2

苏格登格兰杜兰12年
SINGLETON OF GLENDULLAN 12 YEAR OLD

尽管格兰杜兰蒸馏厂与同品牌旗下的达夫镇蒸馏厂只有咫尺之遥，但这款供应美国、拉美地区市场的产品显然更加偏重浓郁的果味。最先出现的是蓝色水果（西洋李、蓝莓和黑刺李），黑葡萄的风味也会随之而来。在净饮时，酒体的酸度稍显刺激，但在混合饮用时会成为有利的因素。它的木质风味也是如此，虽然是雪莉桶陈酿，但单宁并不过分强烈。话虽如此，绿茶仍旧与它水火不容。苏打水和椰子水带来的混合饮品口感都很干净，前者还会显现轻盈的、靠近绿色水果的一面，但这种影响稍纵即逝。干姜水能够提振水果风味的士气，带来覆盆子树叶的香气，而加强黑葡萄风味的可乐，则是与这款酒搭配最成功的软饮。

风味阵营	M3	可乐	4
苏打水	3	椰子水	2
干姜水	4	绿茶	2

苏格登格兰欧德12年
SINGLETON OF GLEN ORD 12 YEAR OLD

　　走进格兰欧德的蒸馏室，你可能会感到困惑，这里难道有一块刚刚割过的草坪？正是这样浓郁的青草香和淡淡酸度，组成了苏格登格兰欧德的核心风味。经过12年桶陈的版本还突出了未熟的桃子、生姜、太妃糖和与格兰杜兰相似的无花果风味（但在这里体现为青无花果果酱）。净饮时难以捕捉的烟熏风味，在苏打水中会变得更为明显，青草香味也会显山露水。它与绿茶和椰子水都不能很好地共存，很遗憾，这可是供应亚洲市场的产品，但可乐能给为它带来富有李子风味的深度。干姜水与它混合时，则能让人立刻想到姜饼与黄油，烟熏感也会再次出现。

风味阵营	M3	可乐	3
苏打水	3	椰子水	2
干姜水	4	绿茶	2

云顶12年
SPRINGBAN K 12 YEAR OLD

　　云顶是一家相当"我行我素"的蒸馏厂。从大麦发芽、蒸馏、桶陈到装瓶都是在蒸馏厂内完成的，目前在苏格兰也是仅此一家。蒸馏厂的设备堪称"传承时代"，在技法上也坚持着两次半蒸馏的传统。也正是这种执着，让他们的产品风靡全球。这款酒中的烟熏味很淡，但存在感十足，黑橄榄、橘子、雪莉桶和油润果味相互混合，难以捉摸，再由唇间的一丝咸味作为收尾。这款酒会在清水中绽放，迸发出一波又一波的迷人风味。尽管苏打水能与它勉强结合，但还是同品牌旗下主打泥煤风味的朗格罗（Longrow）与这种软饮更为契合。在云顶独特的性格面前，其余几种软饮都会黯然失色。还是直接喝吧，别浪费了。

风味阵营	M2/4	可乐	N/A
苏打水	N/A	椰子水	N/A
干姜水	N/A	绿茶	N/A

泰斯卡10年
TALISKER 10 YEAR OLD

苏格兰的斯凯岛上只有一家蒸馏厂,它出产的威士忌成功地将陆地与海岸玩弄于股掌之间。一开始的烟熏风味不算明显,只是浸泡在海水和干海藻中的软梨背后,有几缕石楠燃烧出的轻烟。一切看起来都那么平静而甜美,但海盐和胡椒会在口腔中突然爆炸,你这才能感受到硝烟四起的滋味。这款风味十足的威士忌与可乐搭配是个灾难,但椰子水会把我们带回巴西海滩的篝火晚会。绿茶会带来一股药味,但还算得上甜美。它与干姜水的组合需要短饮,这样才能最好地凸显软饮衬托出的烟熏味。苏打水是它最完美的搭档,以2:1的比例混合后,烟熏感和盐分就像海上的风暴——这是自然的力量。

风味阵营	M4	可乐	1
苏打水	5	椰子水	3
干姜水	3	绿茶	3

爱尔兰威士忌

数百年来，爱尔兰人制作的威士忌都非常温顺可人，极易饮用。事实上，在把"爱尔兰"一词用作品鉴各种威士忌的速记词时，它的意思就是"极其易饮，蕴含多汁的水果风味，就像在咬一颗烂熟的桃子"。

尽管下文中主要介绍的3家蒸馏厂制作威士忌的方法各有不同，但平易近人的性格是这些酒的共同特点。想要做一杯理想的混合饮品，你就要懂得欣赏各个品牌在这个共同的主题中会带来怎样的变化。同时，仍旧不要忽视那些净饮时没能给你留下深刻印象的酒，因为它们可能带来惊喜。

这些威士忌真正需要的软饮，不仅要增强它们原本的风格，还应该添加一些精致的新元素——当然，绝不能与酒本身的风味对立。总体而言，绿茶没能做到这一点，苏打水也过于朴素。虽然可乐的甜度还算足够，但椰子水的表现力更强。对了，干姜水再次为我们指明了方向。

布什米尔黑色布什
BUSHMILLS BLACK BUSH

　　一种麦芽，一种谷物。你也许会觉得这样的配方是为了简单，但黑色布什并非如此。一层谷物风味，让浓郁的深色水果味不会太过张扬，让人想起李子果酱、桃子和甘草糖。尽管它在净饮时的表现更为出色，但如果要制作混合饮品，只要不用单宁太强的绿茶和皮革质感过重的椰子水，其他效果都还算不错。苏打水会引出香蕉的甜美，但那种厚重感会停留在舌头上。可乐与黑色水果风味的搭配可谓经典，与这款酒混合出的饮品就像带有茴香气味的奶油雪莉酒。干姜水则兼顾了酒体中的两种元素，在红色水果风味的冲击背后，你得到的是一款深邃且周到的饮品。

风味阵营	B3	可乐	4
苏打水	3	椰子水	2
干姜水	5*	绿茶	2

布什米尔奥妙
BUSHMILLS ORIGINAL

就像故事中常说的那样，因为有更成熟、更丰满的"兄长"们，布什米尔家族中最年轻的成员常常不受重视，而它也有着自己的特色。没错，这款轻盈的威士忌稍显尖锐，有类似饼干和修剪过的青草的香气，但它的口感比闻香时预料的更为温顺，停留时间也比想象的长。想突出它的优点？答案就是混合饮用！这次，可乐不是正确的搭档，它会让我想起刚刚焚烧完秸秆的农田。尽管绿茶能够放大这款酒多汁的特点，但只有加入椰子水，随之而来的果味和花香才能让你感受它真正的新鲜。苏打水的表达简单直接，新鲜感就在你眼前随着气泡而沸腾，而干姜水更能踏实下来，为口感增添应有的分量。

风味阵营	B1	可乐	1
苏打水	3	椰子水	4
干姜水	4	绿茶	2

康尼马拉泥煤
CONNEMARA TURF MÓR

截至写这本书时，这是爱尔兰全境唯一的重泥煤威士忌，它给人的第一印象可能有些令人不解，但它现在已经是爱尔兰威士忌家族中的成员了。不要被净饮时闻到的肮脏橡胶气味蒙骗了，也不要害怕泥煤带来的烟熏感和干燕麦风味，因为只需一滴清水就可以让这些棱角变得甜美起来，创造出烤玉米、糖蜜、炖煮梨子和浅浅的香料味。也就是说，苏打水可以与它搭配得相当体面，其他软饮就像是在和它打架。还是别加了，康尼马拉更适合净饮和加冰饮用。

风味阵营	M4	可乐	1
苏打水	3	椰子水	2
干姜水	2	绿茶	1

尊美醇
JAMESON

打算一手复兴爱尔兰威士忌产业的品牌，可不是光有聪明的市场策略而已，尊美醇的底气还是体现在酒杯之中。拿这款酒来说，你感受到的是闪闪发亮的油润感，还有苹果和香料与它三足鼎立，这都是纯壶式蒸馏威士忌带来的特点。它的香气主要是多汁的新鲜水果，味蕾上则是黑加仑软糖的甜美和跳跳糖一般的活力。除了会与绿茶发生"冲突"，这款酒非常适合混合饮用。苏打水让它充满花香，可乐带来更多油脂感和柔软的皮革风味。干姜水的清新口感，可以让水果、橡木以及风干的桃子风味弥漫口腔。椰子水则会带来浓郁的质感、热带风情、较长的风味停留时间和始终的甜度，平衡感极佳。难道，巴西风情也是为爱尔兰威士忌准备的？

风味阵营	B2	可乐	4
苏打水	3	椰子水	5
干姜水	4	绿茶	2

尊美醇12年
JAMESON 12 YEAR OLD

纯壶式蒸馏威士忌的特点，在尊美醇的这款产品中得到了更好的体现。包括小茴香、芫荽和姜黄在内的香料风味得到了明显提升，水果风味也更加深邃，变成了萦绕在口中的杏、樱桃、甜橙和糖水桃罐头。这款酒加冰或净饮都非常美味，但加绿茶就会非常干，椰子水则会显得油腻。以1∶1的比例加入苏打水，就可以让壶式蒸馏威士忌中的干香料味体现得淋漓尽致。可乐与这款威士忌的组合也很美味，能够带来雪莉酒和可可的香甜。干姜水也会将生姜的清新与酒体完美融合，将威士忌的"力道"控制得恰到好处，尾韵中则是丰沛的果园水果和稍有刺激感的香料味道。

风味阵营	B2	可乐	3
苏打水	3	椰子水	2
干姜水	5	绿茶	1

君伯樽
KILBEGGAN

目前，这个品牌与康尼马拉同属宾三得利（Beam Suntory）集团，它们是该公司涉足爱尔兰威士忌新世界的"先头部队"。君伯樽经历了一次从包装到配方的全面革新，曾经柔软、甜美又可爱的风格变得相当油润，带有新橡木桶的霸道风味、全新运动鞋的气息，以及浓郁的烟熏和山核桃香气。这次革新就像是让主打爱尔兰音乐的酋长乐队（The Chieftains）转型成一个重金属摇滚乐团。苏打水可以体现酒体的水果风味，但木质感过于突出，绿茶的味道也太重。但干姜水能够融合焦炭香气与柔和口感，可乐能带来丰腴的红色水果风味，椰子水稍显油腻却还算精致。这3种软饮都表现出了不错的潜力。

风味阵营	B2	可乐	3
苏打水	2	椰子水	3
干姜水	4	绿茶	2

知更鸟12年
REDBREAST 12 YEAR OLD

2011年，爱尔兰蒸馏酒公司决定推出一系列纯壶式蒸馏威士忌，这是令全球威士忌行业感到欣喜的大事件之一。知更鸟12年桶陈是较容易找到的纯壶式蒸馏威士忌之一，同时也展现出了这个品类最高傲的一面：在油润浓郁的口感之间，有煮过的李子、淡淡的皮革和奶油太妃糖味，浓稠的葡萄干口感就像用舌头碾开熟透的白桃果肉。这款威士忌会用它温润如玉的个性让你屈服，按照它的节奏来享受。这也意味着不要尝试用它混合其他饮料，知更鸟的"独角戏"更精彩。

风味阵营	M3	可乐	N/A
苏打水	N/A	椰子水	N/A
干姜水	N/A	绿茶	N/A

图拉多
TULLAMORE DEW

图拉多加入了威廉·格兰特（William Grant）麾下（格兰特父子公司，旗下拥有格兰菲迪等品牌），新蒸馏厂也近在眼前，这个爱尔兰威士忌品牌的前途可谓一片光明。在这之前，尽管品牌的销量不俗，但名声却一向低调。恰如其分的是，这款酒的各个方面也都略显青涩，带有相当明显的花香谷物特点，还有淡淡的坚果味道。与绿茶混合时，这款酒会展现出富有酯香的一面，效果不错。在干姜水面前，它虽然显得有点羞涩，总体而言也足够可口。尽管可乐与它不合拍，但因为酒体并不厚重，苏打水和椰子水都可以与它搭配。前者有一种黄油般的口感和十足活力，后者则能带来颠覆性的变化：酒体中会凭空多出装满果篮的菠萝和热带水果风味，是一款非常成功的混合饮品。

风味阵营	B1	可乐	2
苏打水	3	椰子水	5*
干姜水	3	绿茶	3

美国威士忌

波本兑可乐，似乎已经成了一种常识般的搭配。尽管这种组合能够将软饮和威士忌中的甜美结合起来，在每种风味阵营中都表现出色，但同时拥有甜味和香料元素的干姜水才是更稳妥的搭配，后者更高的含汽量，能让风味在舌头上更好地铺陈开来。在很多情况下，橙味苦精或橙皮有助于创造平衡，让饮品变得更加出色，这一点与麦芽威士忌是一样的。在橡木新桶较强的影响下，绿茶表现得很吃力，苏打水也显得过于"骨感"，但椰子水通常可以带来不错的混合效果。

其中的关键是，要摸清每款酒中黑麦成分的影响到底有多强。黑麦含量越高，制作混合饮品就越难。这让我不禁思考，是否正是这种固执决定了纯黑麦威士忌在禁酒令之后的命运——在那之后，消费者已经习惯了加拿大黑麦威士忌与干姜水调制出的饮品。黑麦不会根据你的需求而改变，因此你需要围绕这个元素来调整配方，并且，过于简单的软饮很难抓住重点。同时，你也不能用过高的稀释度驯服黑麦的个性，它可是世界上最放肆的威士忌。我想要让它一如既往地古怪和疯狂，我想要火花、想要燃烧，我想要苦艾酒一般的狂热……

总而言之，在享受美味之前，你要了解各个品牌，以及它们的独特风味和性格。不过，如果拿不定主意，干姜水总归不会错！

波本

水牛足迹
BUFFALO TRACE

尽管这款波本没有标明桶陈年份，但只要闻一闻，就会明白水牛足迹中包含了一些颇有年头的成分。它浓郁而复杂，一入口就能感受到甜苦交织的平衡。甜点、塞维利亚柑橘、可可、新鲜草本和松木的味道之后，还有一波混合着深色莓果的蜂蜜甜玉米风味。其中的柑橘元素让苏打水有了用武之地，带来的饮品非常清爽。可乐会抓住停留在口感中段的浓郁甜味，混合出的味道就像喝樱桃可乐时含了一口热糖浆。椰子水会带走酒体的草本香气，但也还是不错的饮品，绿茶会与橡木桶味形成鲜明对比。干姜水则能为这款酒创造完美的平衡，将香气延伸成饱满的泡泡糖，增加深邃的层次感，并用香料的刺激带来圆满收尾。对混合饮品来说，这款酒算是个多面手。

风味阵营	NAM1	可乐	3
苏打水	4	椰子水	4
干姜水	5	绿茶	3

波本

爱利加12年
ELIJAH CRAIG 12 YEAR OLD

　　你像身处肯塔基州一家严肃的绅士俱乐部，雪茄、雪茄盒、皮革、陈年香料和酒窖的味道萦绕其间。清水会让酒体变得明媚起来，让茴香粉、覆盆子和大量的薄荷风味显山露水。爱利加一丝不苟的个性让它能与苏打水融洽相处，但结果稍稍有些干。而绿茶在橡木桶的风味下有点过于强烈，这对波本来说并不是新鲜事。在皮革香气之中，可乐也能与这款酒融合，但味道就像"穷人的曼哈顿"鸡尾酒。椰子水与它的搭配需要加上更有力量的辅料。橡木风味让干姜水稍稍出现了粉末质感，但平衡依旧完美。如果你愿意的话，用这款酒做成古典鸡尾酒，应该会比单纯混合饮用更美味。

风味阵营	NAM1	可乐	4
苏打水	3	椰子水	3
干姜水	4	绿茶	2

波本

爱威廉斯
EVAN WILLIAM S

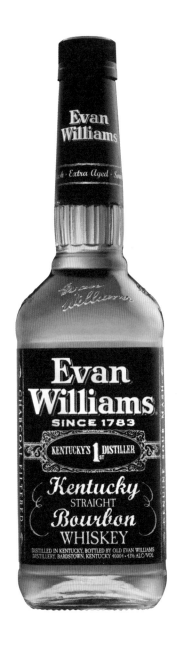

在壁炉边，找一把舒适的沙发椅，坐享这款波本放松、随和且圆润的性格。你就像正享用一杯冰咖啡、一些黑巧克力和焦糖太妃糖，感觉就像蓬松的靠垫。即使黑麦会突然出现，它的姿态也显得彬彬有礼。奇怪的是，这款"颇有教养"的酒面对软饮时反而会强硬起来。苏打水和绿茶无法容忍它有力的橡木桶风味。尽管用椰子水调配出来的饮品尚且可以接受，余味发苦的感觉也不尽人意，然而，干姜水可以将自身的甜度附加到舌中感受到的风味上，造就一杯适合缓慢啜饮的饮品。可乐也是如此，软饮中的糖分可以凸显酒体的甘草和太妃糖风味，棘手的橡木桶味也被拿捏得恰到好处。

风味阵营	NAM3	可乐	4
苏打水	2	椰子水	3
干姜水	4	绿茶	1

波本

四玫瑰小批量波本
FOUR ROSES SMALL BATCH

四玫瑰蒸馏厂有着2种谷物配方和5个酵母菌种，它的目标就是创造博采众长的波本。尽管用以调配这款小批量产品的每种原酒都有不同的性格，但它们都有高比例黑麦带来的冲击力。你能从这款酒中品味到柠檬油、果汁冰糕、野樱桃、一丝覆盆子醋、桉树和强劲的肉桂风味。它与椰子水混合出的饮品不难喝，但完全不能突出酒本身的特点，与绿茶搭配则是一个小小的灾难。苏打水仍旧会让混合饮品偏干，但用柑橘元素稍加点缀就能有所改善，还会让薄荷展示出它的魅力。用可乐混合的饮品香气十足，还能额外凸显酒渍樱桃和炭化橡木桶的风味。用它与干姜水调配的饮品，在平衡度上堪称典范，香料不断迸发出火花，布满整个口腔，尾韵也同样悠长。这款酒的复杂度真是一流的。

风味阵营	NAM3	可乐	4
苏打水	2	椰子水	3
干姜水	5*	绿茶	1

波本

金宾白标波本
JIM BEAM WHITE LABEL

这款金宾（也有译作白占边）的主题是新鲜：清新的葡萄柚、辛辣的生姜和一阵阵黑麦的刺激感自由流淌。与给人的第一印象相比，它的口感要稍稍柔和一些，还有煮熟的苹果和凉爽的薄荷风味。所有元素都是积极向上的。绿茶的单宁与橡木桶风味仍旧难以融合，因此它无法带来足够的深度。但炭化木桶的风味却能为这款酒与椰子水的组合增加一种有趣的烧灼味道。苏打水会带来干净的藤蔓植物风味，但收尾偏干，添加一些柠檬就能完美融合。黑麦的尘土气息会在干姜水中充分展现，让饮品美味的关键是用甜橙增加少许甜度。可乐带来的平衡刚刚好，香料的冲击会击破过高的糖分，还有红色水果风味为饮品增加分量感。作为下午的放松饮料，这一款真是够高调。

风味阵营	NAM3	可乐	5
苏打水	3	椰子水	3
干姜水	4	绿茶	2

波本

金宾黑标波本
JIM BEAM BLACK LABEL

与白标相比，这款波本的酒标上标示了它6年的桶陈时间——毫不意外，你要面对的是一头更强壮、更深沉的野兽。仍旧有一些绿色的植物元素保持着酒体的活力，但你很快就会沉浸在糖蜜咖啡、焦炭、少许美洲山核桃、甘草以及黑麦的风味中。额外的橡木桶陈酿，意味着努力凸显黑麦味道的苏打水和椰子水会失去平衡，而绿茶会有什么样的效果，想必你也知道了。即便是可乐，与这款酒搭配时想要保持甜度也很困难，但它还是足以用樱桃风味来满足你的味蕾。干姜水的表现要好得多，你仍旧能从饮料中捕捉到来自黑麦的甜胡椒味和酸度，平衡感也更优秀。

风味阵营	NAM3	可乐	3
苏打水	2	椰子水	2
干姜水	4	绿茶	1

波本

美格
MAKER'S MARK

　　制作波本时，美格用小麦替代黑麦，减少了香料风味和酸度，但香气得到了提升。它是香味尤其强的波本之一，充满水果风味，还有迷迭香、玫瑰花瓣和樱花的芬芳。加入清水后，这款酒会体现出乌龙茶的味道，因此也为绿茶提供了展示魅力的舞台，但你仍旧需要额外提高甜度，以平衡连可乐都无法中和的橡木桶味——这不是什么坏事，还增添了一些香料感。用美格来制作带有异域风情的混合饮品也不错。它与椰子水的组合会把你带到海岸，用热沙和栀子花的香气将你包围。而干姜水会让这款酒更具泰国风情，呈现高良姜、罗勒和檀香的味道。

风味阵营	NAM2	可乐	4
苏打水	2	椰子水	3
干姜水	5	绿茶	3

波本

威廉罗伦
WL WELLER

这款小麦波本会将你带到美国南部一个阳光和煦的午后。一切都是那么平和缓慢，没有入口时的冲击，没有令人惊奇的尾韵，这款酒就像一个温柔的故事，随着你双眼慢慢阖上，它也在你的口中徐徐展开。烤苹果甜点上撒着肉桂粉，有缓缓融化的牛奶巧克力、厚重而缓慢铺陈的橡木桶香气，还有蓝莓果酱的酸甜可口。这样的节奏意味着苏打水的质感与这款酒并不合拍，干姜水中的辛辣也显得兴奋过度。椰子水"雁过不留痕"，混出的饮品平淡无味，但绿茶的复杂香气足够迷人，稍加调整就能创造出更多可能性。可乐本身的性格足够悠闲，能够让黑色水果风味随着气泡迸发出来，但这其实没有必要，因为直接加水或加冰净饮就可以了。谁会忍心打扰这样一个平静的下午呢？

风味阵营	NAM2	可乐	4
苏打水	2	椰子水	3
干姜水	3	绿茶	3

波本

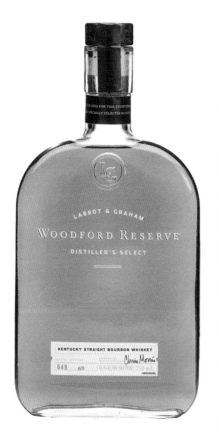

活福珍藏
WOODFORD RESERVE

拉布罗特&格雷厄姆蒸馏厂（Labrot & Graham）的三个壶式蒸馏器一直不断地为这款甜美而富有柑橘风味的波本制造着原酒。在浓郁的奶油布蕾香气、压碎的红色水果和淋了枫糖浆的烤菠萝风味背后，打蜡柠檬、百里香和苹果塑造着一丝清新，尾韵中还有淡淡的黑麦元素。这款酒与苏打水颇为契合，虽然软饮中略显僵硬的矿物质元素让结果美中不足。干姜水会与酒体中的黑麦风味盘旋而起，像是暴风雨前的乌云，但"风暴"很快会平息成一杯轻松甜美的饮品。可乐的效果也不错，它不但能够加强柑橘元素，还会保留柔软的核心风味。另外两种软饮呢？还是别考虑了。不过，如果用它来做一杯曼哈顿……

风味阵营	NAM1	可乐	3
苏打水	3	椰子水	1
干姜水	4	绿茶	1

波本

威凤凰8年
WILD TURKEY 8 YEAR OLD

    波本的风格已经发生了诸多变化，但威凤凰依旧坚持着自己的本源。这个"老男孩"厚重、具有冲击力，相当复杂、精致。甜美且有层次感的黑色水果风味与甜胡椒、李子蜂蜜、酸樱桃和甜杏果酱混合交织，口感油润，有烘烤的温暖和黑麦带来的刺激，让人大快朵颐。苏打水可以为它带来花朵芳香和茴香般的口味，但被控制住的"野兽"会立刻冲破束缚。它友好的口味与椰子水相处愉快，但可乐会带来更丰富的享受，让风味层次分明，口感则像果酱般浓郁，是实实在在的可口饮品。干姜水会带来更多的维度，入口微微发干，但很快就变得深邃悠长，像是土耳其的欢快、摩洛哥的香辛，逐步在口中荡漾开来。这个"老男孩"还有很多的话想说，不妨来听听看。

风味阵营	NAM1	可乐	5
苏打水	3	椰子水	4
干姜水	5*	绿茶	1

田纳西州威士忌

杰克丹尼
JACK DANIEL'S

　　"杰克丹尼可乐"可能是很多年轻人接触的第一款混合酒精饮料，但它还有什么本领？净饮时，这是一款年轻新鲜、精力充沛的威士忌，有丰沛的梨子和苹果风味、黑麦的体面点缀以及或许来自木炭醇化的烟熏感。但在这些张扬的性格背后，是平静而甜美的核心。我不会把它拿来净饮，也不会将它与干涩的苏打水混合饮用，我会用干姜水强调其中的烟熏风味。我也会考虑椰子水，让酒体变得更加精致爽口、充满活力。尽管绿茶与来自肯塔基州的波本合不来，但它在田纳西州威士忌面前找到了"归宿"。杰克丹尼与绿茶的混合饮品气味芳香，口味圆润，平衡感也很好。可乐就不赘述了，我认为它相当平淡，毫无特色。来，把眼界放开一点。

风味阵营	NAM3	可乐	3
苏打水	2	椰子水	4
干姜水	4	绿茶	4

田纳西州威士忌

杰克丹尼绅士杰克
JACK DANIEL'S GENTLEMAN JACK

随着双重木炭醇化的作用，杰克先生的情绪不像之前那么高涨而固执。这款威士忌的烟熏味减弱了，但多了甜美的橡木、更强的黑麦刺激感以及糖渍果皮和红醋栗的风味，以薄荷脑和绿色草本的清新作为收尾。奇怪的是，如果你在这款酒中加入苏打水，会带来一种你就坐在炭坑边的感觉，而且意外的十分愉快。生姜味可以带来升华，也能表现出那股烟熏风味。椰子水的效果不像它搭配标准杰克丹尼那样出众，但绿茶再次对香气进行了提升，还添加了果园水果和香蕉的甜蜜。这位绅士与其"兄弟"不同，柔和的中调让它能够与可乐配合得更默契，甚至可以让你找到一丝雪茄烟叶、灰烬和樱桃木的痕迹。

风味阵营	NAM3	可乐	5
苏打水	3	椰子水	3
干姜水	4	绿茶	4

黑麦威士忌

派菲至尊
PIKESVILLE SUPREME

　　黑麦威士忌称不上漂亮。它从不妥协，棱角分明，并且永远拒绝向潮流低头。你为它付出的每一分钱都会有收获，尘土飞扬的香料、柠檬油和一点点橡木味道会在你口中来一次连环爆炸。尽管入口甜美，但你很快就能感受到它的酸度，整体的复杂口感会以酸樱桃作为收尾。为这款威士忌加入苏打水会引发一场灾难。干姜水则会带来兰花温室的感觉，香料的刺激感则会在尾韵中气势汹汹地追赶上来。椰子水会与这款酒混合出一种有趣的酸甜味道，让人联想到日式风味。绿茶带来的芳香让它们的混合饮品有进一步提升的希望，但直接混饮的味道的确不尽人意。这款酒可以作为鸡尾酒中的一个元素出现，就像甜味美思酒可以替代可乐的作用。这就是它决不妥协的性格。

风味阵营	NAM3	可乐	3
苏打水	1	椰子水	2
干姜水	4	绿茶	2

黑麦威士忌

瑞顿房黑麦
RITTENHOUSE RYE

　　这款酒可能看起来干净又浓郁，但在黑麦的喧嚣之下，香草带来的甜蜜气味会与你悄悄打招呼，在美国黑麦威士忌典型的尘土气息中，还被赋予了紫罗兰的芳香。苏打水再次马失前蹄，只顾体现自己富有盐碱风味的一面。可乐会带来相当明显的胡椒风味，但它与这款酒也融合得有些勉强。椰子水的搭配有一种微妙的干爽，香料风味也达到了平衡，是一款中规中矩的饮品，但这是你想要的吗？与前一款黑麦威士忌的情况相同，绿茶的香气在这里甜得恰到好处，但口感略显单一，有进一步调制鸡尾酒的潜力。直来直去的干姜水再次取得了成功，它留住了酒体中的能量，还能让饮料闪现出苦柠檬的迷人香气。

风味阵营	NAM3	可乐	3
苏打水	1	椰子水	3
干姜水	4	绿茶	3

黑麦威士忌

萨泽拉黑麦
SAZERAC RYE

　　这是一款更为体面的黑麦威士忌。较长的桶陈时间为它赋予了橡木风味，也让酒体更加甜美而具有深度，而且并未牺牲浓郁的口味。黑麦的辛辣会随着肉豆蔻、丁香和甜胡椒一同切入，入口酸中带甜，柔润与锐利并存，所有元素达成了完美平衡。这款酒为苏打水带来了一丝希望，但也稍纵即逝。绿茶先是提起了浓郁的香蕉香气，口味却很快变得干涩。椰子水带来的水果风味，会以烟灰缸般的味道尴尬收尾。就连起初与酒体中的每个元素都契合的干姜水，也会有侵略感极强的余味。可乐是唯一表现尚可的搭配，但萨泽拉黑麦威士忌，还是在萨泽拉克（Sazerac）鸡尾酒中表现得最出色……惊不惊喜？

风味阵营	NAM3	可乐	4
苏打水	1	椰子水	3
干姜水	3	绿茶	2

加拿大威士忌

　　尽管销量惊人，但加拿大威士忌一直没有受到应有的重视。在美国禁酒令的影响之下，加拿大的各大品牌都被误解为黑麦威士忌，但它们大多只含有很少的黑麦成分。（但加拿大也有等同于纯黑麦威士忌的产品。）

　　在美国，人们总认为加拿大威士忌和纯波本一样，不同的风味是由不同的谷物配方带来的，然而它们其实是由不同的威士忌调和而成的。

　　虽然加拿大威士忌的调配师一直用黑麦威士忌为混合酒带来刺激风味，但用玉米蒸馏的基酒才是这种风格的关键所在。也就是说，玉米威士忌的甜美才是加拿大威士忌的核心。另外一个重要的区别在于，加拿大威士忌可以使用旧橡木桶。因此，尽管大多加拿大产品使用的是美国橡木桶，但它们并没有波本那么强烈的香草、椰子和松木味道。这种更为轻柔微妙的橡木气息，让酒体本身的性格能够更好地展现。想象一下，它们有蜂巢的甜美、清淡的香料，还有大量的水果风味。与苏格兰调和威士忌相同，净饮时表现不佳的产品遇到合适的软饮，可能会产生飞跃性的变化。干姜水通常是最成功的，绿茶有些变化无常，可乐表现还算令人满意，苏打水可能过于朴素，而椰子水带来的混合饮品通常比较稳定。

艾伯塔精品黑马
ALBERTA PREMIUM DARK HORSE

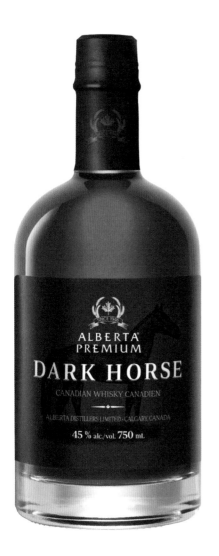

尽管加拿大威士忌中的黑麦成分通常占比很少，但它们还总是被称作"黑麦威士忌"。然而，朋友们，这一款可是名副其实的加拿大黑麦威士忌。它混合了12年桶陈和6年桶陈两种壶式蒸馏黑麦威士忌，只添加了恰到好处的玉米威士忌来软化口感。正如它的名字"黑马"，这款酒属于"黑暗"的一面：苏格兰泰莓、李子、黑刺李、黑樱桃、黑醋栗，还有摩洛哥综合香料的辛辣作为陪衬，炭化橡木桶则为酒体添加了烟熏香草的味道。这款酒气味芳香、口感强劲，就像一匹油亮的黑马，奔跑着将所有用于混合的软饮踩在脚下的尘土之中。对于这款美妙的黑麦威士忌，我会选择净饮，或者制作成"花花公子"（Boulevardier）鸡尾酒和萨泽拉克鸡尾酒享用。

风味阵营	NAM3	可乐	1
苏打水	3	椰子水	1
干姜水	2	绿茶	2

黑天鹅绒
BLACK VELVET

　　黑天鹅绒蒸馏厂位于艾伯塔草原的莱斯布里奇，在广阔的小麦和黑麦田地中，它是玉米威士忌方面的专家。过去的与印第安人交易的贸易站喧闹堡（Fort Whoop-Up）就位于现在的厂址附近，比起这个臭名昭著的威士忌贸易前哨，这一带的文明程度要高得多。如今，这个品牌是美国公司的产业，蒸馏厂也是1973年建立的，用以满足美国西部各州的需求。这款威士忌的主要风味是丰沛的玉米，还有焦糖苹果、青柠、覆盆子、焦糖太妃糖和相当节制的黑麦元素。这款酒加冰净饮非常出色，用1∶1的比例混入苏打水效果也不错。可乐会打破酒本身的魅力，而尽管绿茶与它混合的味道尚可，但也没有任何过人之处。椰子水能够添加可口的甜味和黄油般的丰满，干姜水则会带出酒体中的橙皮元素，并塑造带有薄荷气息的活泼尾韵。对于这款酒的混合饮品，我更偏爱1∶1的比例，这样才能最好地体会它温柔的性格。

风味阵营	NAM1	可乐	2
苏打水	3	椰子水	4
干姜水	4	绿茶	3

加拿大俱乐部
CANADIAN CLUB

禁酒令时期，"黑麦干姜"是地下酒吧中特别受欢迎的饮品之一，而用加拿大威士忌来做它的基酒，几乎是所有人默认的做法。其中出现最多的，就是加拿大俱乐部这款威士忌了。最开始，具有烟尘气息的香料味布满口腔，还带有一丝青苹果的清新，随后，在柔软的玉米成分主导下，丝滑的口感会在唇舌间流连。混合这款酒时，苏打水是唯一表现欠佳的软饮。可乐会增加酒体的分量并引出香草风味，但还需要额外添加青柠成分。椰子水能够加强酒的表现力，让它展现出葡萄酒、水果和淡淡的柑橘特质。干姜水的优秀简单而直接，口感清爽新鲜，有类似茴香的气息以及平衡的甜度。绿茶则是令人意外的本场最佳"选手"，与这款酒搭配而成的饮品非常华丽，在香气、甜度、干度和香料味方面都恰到好处，同时保持着纯净清爽的质感。这款威士忌就是为了混合饮用而生的。

风味阵营	NAM1	可乐	4
苏打水	2	椰子水	4
干姜水	5	绿茶	5*

加拿大俱乐部12年
CANADIAN CLUB CLASSIC 12 YEAR OLD

　　尽管这款加拿大俱乐部中的发芽大麦含量提高了，但使用再次烧烤（re-charred）的橡木桶的作用在其中还是能够尽收眼底。用烈酒点燃过的香蕉和糖蜜太妃糖风味中，木桶为它赋予了椰子、松木、桂皮和生姜的元素，而后黑麦成分会冲刷而过，留下混杂着肉豆蔻干皮、肉桂和葫芦巴香气的酸面团味。清水会引出酒体中的李子味道。可乐会让整个饮品带上发苦的怪味，绿茶也无力地"倒下"了，尽管椰子水还在坚持，但混合出的饮品也只是稍稍有点诱人而已。干姜水与黑麦成分非常契合，但混合比例要在2:1，才能让稍纵即逝的水果味道再次显现。苏打水的情况却有所不同，只有等量的苏打水才能让酒体的风味更为深邃，同时防止黑麦成分再次变回恼人的粉尘味道。

风味阵营	NAM3	可乐	1
苏打水	4	椰子水	3
干姜水	3	绿茶	2

皇冠
CROWN ROYAL

在嗅到杯中的这款威士忌时，我的第一反应是小熊的蜂蜜罐。这款酒的酒体强劲，带有奶油布蕾令人陶醉的甜美以及红色与黑色水果的果酱，接下来的层次中则是全新的木头、香料和柑橘风味。好吧，它的总体风味总是更偏向焦糖软糖酱，但黑麦也足以用于保持平衡。酒体的甜蜜风格意味着加入苏打水和绿茶，会显得过于干涩。椰子水带来了红色水果风味，而干姜水可以将水果糖浆味分离出来，并与黑麦相互联结，为尾韵增加更多动力。出乎意料的是，可乐也能凸显出黑麦的味道，形成的饮品比你想象中的"糖分炸弹"清爽得多。这头爱吃蜂蜜的小熊，也有自己口味独到的一面。

风味阵营	NAM1	可乐	4
苏打水	2	椰子水	3
干姜水	3	绿茶	2

皇冠珍藏
CROWN ROYAL RESERVE

　　这款酒给人的第一印象，比标准版的皇冠威士忌显得更加严肃。成熟的酒体受到了来自的木桶的更强影响，呈现出奶油布蕾、雪莉酒、桂皮和黑莓的味道，前调中则有薄荷来添加风味。它的口感像烂熟的杧果般丰腴，过高的甜度会让你一度感觉自己像被芭比娃娃层层围住，但带有柠檬气息的黑麦元素和温暖的橡木风味很快就会帮你解围。对于绿茶和可乐来说，这款酒的木质风味太强，不适合制作混合饮品。椰子水会强调水果风味，但效果也就是聊胜于无。最好的混合配方还是回归传统：苏打水能够温柔地加强黑麦的味道；干姜水可以提供浓郁甜美的口感，两种带有香料味的饮品组合起来，让最终的味道不会显得松散无力。

风味阵营	NAM1	可乐	2
苏打水	4	椰子水	3
干姜水	4	绿茶	1

四十溪双桶珍藏
FORTY CREEK DOUBLE BARREL RESERVE

　　在用分别熟成的玉米、黑麦和麦芽威士忌调配后，使用旧雪莉桶进行二次桶陈，这才有了这款威士忌。它体现着加拿大人的骄傲——嗅觉上给人的第一印象就是别具特色的枫糖糖浆，紧接着才会有混合了松木、椰子和樱桃的香气。它的口味是一段变化多端的舞蹈，玉米威士忌富有嚼劲的甜美、麦芽带来的干谷物和黑麦威士忌柠檬般的酸度都是它的舞步。这款酒的口感先是厚重，然后迅速变干，香料的刺激感随后升腾而起，再转化成一抹甘甜。每一种变化都显得热情友好，但如果想要绿茶、椰子水或可乐来制作混合饮品，最好三思而后行。它们不是会掩盖威士忌的存在感，就是会产生令人不舒服的味道。然而干姜水可以为这款酒带来提升，添加花朵的芬芳。苏打水则会突出薄荷香气、柔软的口感、香料风味和稍显刺激的活泼尾韵。尽管看似严肃，这款酒其实相当随和。

风味阵营	NAM1	可乐	3
苏打水	4	椰子水	3
干姜水	4	绿茶	2

吉布森优选
GIBSON'S STERLING

这款威士忌在加拿大以外的国家并不常见。加拿大也有牛仔竞技比赛，而这款威士忌会在一阵如同牛仔比赛般激烈的甜美后，突然变得有些羞涩。这款酒中的一切都很稳重：木质风味搭建了稳定的基底，黑麦元素显得相对低调，尽管玉米风味很有嚼劲，但不会太过肥腻松散。在此之外，你还能感受到红樱桃、柑橘和莓果的甜美。加入清水后，这款威士忌的表现富有活力，十分出色。然而，苏打水会让原本的风味分崩离析，可乐也会紧张兮兮地破坏酒体的味道。它与绿茶混合的口感稍显干涩，但香气喜人。椰子水则能让威士忌本身的细腻与苹果和橙子的风味融合，展现出最好的效果。干姜水与酒的比例需要达到1:1才能找到平衡，也堪称经典。

风味阵营	NAM1	可乐	2
苏打水	2	椰子水	4
干姜水	4	绿茶	3

施格兰VO
SEAGRAM'S VO

　　有人认为，VO不过是一款用来调酒的威士忌，但这种基酒的核心恰巧在于，它可以帮调酒师们做出美味的饮料。公平地说，这款酒不怎么复杂，但在香蕉果泥般柔软的香气之下，足够的黑麦元素会让酒体显示出它的个性。酒体中有一种顽固的元素，让它与苏打水和绿茶"势不两立"，但其他软饮可以为这款低调的威士忌带来质的变化。干姜水是一种经典搭配，能够添加香料风味，让性格直来直去的酒体屈服于它甜美辛香的意志。可乐能够凸显黑麦风味，加强活力，俨然是一杯"加拿大自由古巴"（Canadian Cubata）鸡尾酒。你可能会认为椰子水能让酒中的复杂元素变得更甜美，但恰恰相反，酒体会变得干，带有烘烤和烤吐司的味道，黑麦成分在背景中蠢蠢欲动，但甜味仍旧畅通无阻。这就是用威士忌调酒的魅力吧。

风味阵营	NAM3	可乐	5
苏打水	2	椰子水	5*
干姜水	4	绿茶	2

怀瑟斯精品
WISER'S DELUXE

怀瑟斯精品威士忌中的一些元素，让人感到非常舒适。它的风味由黑麦引领，但这种叛逆的谷物表现得极其温顺有礼，还混合了红苹果和蜂蜜橡木基础之上的檀木、金色烟草、肉豆蔻和茴香籽香气。在混合饮用时，苏打水再次遭遇滑铁卢，但其他软饮都能融入它温暖的怀抱。干姜水会为这款酒添加青柠般的活力，建立相当复杂的口感。尽管可乐表现得像一个压抑着感情的黑发女郎，但它带来的深度能够压倒任何轻浮的甜味。椰子水带来了丰沛水果的舞蹈，绿茶则为混合饮品赋予了淡淡的草药味，但还需要添加其他元素，让口味进一步升华。总而言之，"怀瑟斯先生"是你的好朋友，是可以依靠的肩膀——加拿大的"可靠先生"非它莫属。

风味阵营	NAM3	可乐	5
苏打水	1	椰子水	4
干姜水	5	绿茶	3

日本&中国威士忌

　　成熟市场总是认为，日本威士忌行业的复兴都要归功于高球鸡尾酒，所以你可能会想：所有日本威士忌一定都适合混合饮用。由于样本数量有限，轻率地得出这样的结论不是正确的做法。我们更应该关注的是，这些威士忌的制作过程会对它们在风味上的表现产生什么作用。当然，日本威士忌的做法与苏格兰威士忌几乎相同，但正是一些细微的差别以及这个国家更为变化多端的气候，塑造了这些威士忌的独特个性。

　　生产中的一个环节对日本单一麦芽威士忌产生了深远影响。三得利和一甲是日本最大的两家蒸馏商，即使要制作调和威士忌，他们也从不会像苏格兰厂商一样交换原酒库存。这两家公司的做法是：在自己品牌旗下的蒸馏厂生产一系列不同的风格，然后再加以调配。换句话说，他们的单一麦芽威士忌，都是由不同风格的原酒"调和"而成的。这与苏格兰人的做法完全不同——后者的每一个品牌，都只主打一种个性。

　　这种做法，以及日本人一丝不苟的精神和对精确香气的追求，共同铸就了日本调和威士忌与麦芽威士忌共有的韵律和品质。从这点来看，它们与苏格兰威士忌的差别还是非常显著的。

日本调和威士忌

响12年
HIBIKI 12 YEAR OLD

　　就在你被响威士忌"大家族"中这款12年桶陈的调和威士忌（2015年已停产）沉稳复杂的魅力所吸引时，惊喜就这么不期而至。红色水果、巧克力布朗尼和水果糖的完美融合，加上几乎要流出口腔的柔软口感，让你不禁沉醉其中。正在这时，日本梅酒桶熟成带来的新鲜酸度突然破门而入，让你一下感受到所有美好的口味。与其他优秀的调和威士忌一样，不同的软饮能够展现出它不同的面貌。与苏打水混合时，果树花朵的香气弥漫。干姜水展现出的是荜茇和小茴香等异国香料的风情万种。可乐会呈现出天鹅绒般润滑的梅干口味。绿茶的表现是线香和木质风味。椰子水则带来了更大的提升：它加强了饮料中的果冻味道，还带来了一种烘烤的香气。这可谓是一款全能型的好酒。

风味阵营	B2	可乐	4
苏打水	4	椰子水	5
干姜水	5	绿茶	3

日本调和威士忌

角瓶
KAKUBIN

角瓶威士忌有过两次爆发。它在1937年开创了日本的威士忌文化，又在2009年为行业带来了重生。作为一款聪明讨巧的调和威士忌，角瓶有着深受日本人喜爱的清澈香气、克制的苹果风味和奶油般的柔软口感，同时还具备烤坚果和干芦苇的清新。正是这种偏干的尾韵让人欲罢不能，最好是配上苏打水一起享用。椰子水会让它带上一种类似竹子的味道，可乐则会赋予甜蜜的口感和干净土壤的气味。味道较重的干姜水会抢走威士忌的风头，而绿茶能够塑造很强的平衡，以及富有层次感的风味。当然了，最终的赢家还是苏打水：新鲜、纯净、干爽，来自角瓶的甜度恰到好处。加上一小段柠檬皮，它就会变得更加清爽，这不正是你忙碌了一整天之后最需要的活力吗？

风味阵营	B1	可乐	3
苏打水	5*	椰子水	3
干姜水	2	绿茶	4

日本调和威士忌

一甲原酒
NIKKA FROM THE BARREL

　　一切都与质量有关。这个看似小巧可爱的方瓶里，较高的酒精度让这款威士忌整体有一种被压缩的感觉，就像一颗正在坍缩的恒星。它高达51.3%（ABV）的酒精度适合口味更重的酒饕，但集中的苦巧克力、梅子、烟熏和杧果干风味让酒精带来的烧灼感几乎不存在。然而，如果想要混合饮用，还是需要仔细斟酌。干姜水会过分强调其中的烟熏味，可乐和绿茶都会与酒体中的单宁产生冲突，而椰子水尚且可以保持自我，带来额外的清新感受。苏打水是我们的好朋友，它能在保留水果风味和深度的同时，展现出酒体中深藏的芬芳，并在尾韵中用烟熏感挑逗你的味蕾。又或者，你可以加点水，凿一颗冰球，再点一支雪茄，享受这款酒原本的风味。

风味阵营	B3	可乐	3
苏打水	5	椰子水	3
干姜水	3	绿茶	3

日本谷物威士忌

一甲科菲谷物
NIKKA COFFEY GRAIN

　　威士忌的狂热爱好者一度对谷物威士忌抱有鄙视的态度，他们认为，这不过一种中性酒精，剥夺了单一麦芽威士忌的丰富风味。然而，众多与这款酒一样优秀的谷物威士忌证明：真相与之相反。这款酒就像是荒岛上的诱人甜点，集合了香蕉船、覆盆子果酱、太妃糖、青柠、木瓜和蛋奶沙司的甜美柔顺。稍加稀释，尘土感十足的肉桂风味就会扑面而来。苏打水让这种复杂感消失了，可乐则会抹掉它更多的优点，但干姜水能够加强尾韵，添加柠檬油的顺滑口感。加入绿茶后，这款酒的中调里就会出现热带鸡蛋花的气息，也代表它会与热带风格的软饮和谐相处。与椰子水混合时，酒与软饮中的元素能够相互配合，不会太甜，也并不干涩，只有水果、咖啡和咸奶油糖浆交织出的美妙风味，为你带来愉悦的感官享受。

风味阵营	B2	可乐	2
苏打水	3	椰子水	5*
干姜水	4	绿茶	4

日本麦芽威士忌

白州12年
HAKUSHU 12 YEAR OLD

    新鲜清爽、风味节制的白州，混合了罗勒、薄荷、绿茶、竹子、葡萄、蜜瓜、苹果和松木的芬芳，还有缕缕烟熏气息萦绕其间。如果有一款威士忌的代表色是绿色，那就非它莫属了。只要稍有常识，就会知道口味太浓的可乐与它无缘，而其他软饮都能发挥自己的优势。当干姜水遇到白州纯净透明的性格时，会带来一种泰式青咖喱的辛香。椰子水可以释放酒体中的竹子香气，但混合时一定要足够冰凉。苏打水与它混合时，酒体中淡淡的烟熏味会发挥作用，让人联想到清爽开胃的罗勒茉莉普鸡尾酒。绿茶带来的则是精致、端庄而和谐的混合饮品。没错，这可是白州啊！

风味阵营	M1	可乐	1
苏打水	4	椰子水	3
干姜水	3	绿茶	4

日本麦芽威士忌

山崎12年
YAMAZAKI 12 YEAR OLD

山崎是日本第一家专门建立的威士忌蒸馏厂。它采用不同类型的木桶熟成，造就了多种威士忌风格，再把这些原酒加以调配，从而提升成品的复杂度。这款12年桶陈的版本，表现出的是十足的水果风味，再用干橙皮、干芦苇、大麦糖和香草进行润色，尾韵中还有辛辣的香料。令人惊讶的是，这款精致复杂的威士忌在面对各种软饮时，变成了一个棘手的角色。对绿茶来说，它的木质风味过于浓重，苏打水会让它失去水果风味，而可乐的搭配更是略显笨拙。椰子水表现尚可，只是稍显平淡，还是干姜水的效果最好——姜根的辛香为饮品的中调带来一丝波澜，还能非常和谐地融入水果风味。

风味阵营	M2	可乐	2
苏打水	2	椰子水	3
干姜水	4	绿茶	2

日本麦芽威士忌

山崎18年
YAMAZAKI 18 YEAR OLD

尽管同样具备山崎威士忌水果风味浓重的特点，但这款作品少了菠萝的味道，多了更深邃的层次——这是它更加成熟的证明，也说明它使用了更为强劲的原酒（还记得吗？每一款日本单一麦芽威士忌，都是由同一家蒸馏厂中不同类型的原酒调配而成的）。但它与12年版本最显著的差别在于水楢桶（日本橡木桶）的风味得到了提升，在熟透的苹果、紫罗兰、草莓酱、黑巧克力和深邃甜美的橡木风味中，增添了线香的迷人香气。同时，这里还有饱满的风干秋季水果风味，半干的蜜桃、葡萄干、核桃、大枣和糖蜜说明雪莉桶也对酒体产生了较强的影响。想用它来制作混合饮品？不必考虑了。你只需要一个冰球，或者额外要一杯冷水。如果你喜欢的话，不妨再点一支高希霸马杜罗（Cohiba Maduro）雪茄。

风味阵营	M3	可乐	N/A
苏打水	N/A	椰子水	N/A
干姜水	N/A	绿茶	N/A

日本麦芽威士忌

余市15年
YOICHI 15 YEAR OLD

坐落在北海道西岸的余市蒸馏厂，仍旧坚持着它古老的"信仰"：泥煤风味的麦芽、直火蒸馏、虫桶冷凝，这些都是生产强劲厚重的威士忌的要素。令人感到意外的是，这款酒带来的第一印象竟然是苹果、硬糖、烟熏茶叶风味，混合着百花熏香和草莓，与想象中的粗犷截然相反。你可以加一点清水，感受喷薄而出的烟熏气息和木馏油一般的质地。它强劲、甜美、厚重，过于独特的个性足以将大部分软饮踩在脚下。干姜水带来的混合饮品油润而带有咸味，可乐最初表现出的檀木香气很快就会被推到一边。尽管绿茶能稍稍体现出正山小种红茶的感觉，但更多的是涩口的单宁。苏打水的表现最出色，这还是要归功于较强的烟熏风味，不过你还需要额外添加一些柠檬元素。或许，加水才是这款威士忌最好的享用方式。

风味阵营	M4	可乐	2
苏打水	4	椰子水	2
干姜水	3	绿茶	2

中国台湾麦芽威士忌

噶玛兰珍选
KAVALAN CLASSIC

　　威士忌在亚热带气候熟成是与在苏格兰熟成完全不同的。湿热的环境会让酒体"吃桶"更快，木桶中的蒸发量也会更高。尽管噶玛兰威士忌在苏格兰人看来是一款非常"年轻"的酒，但它可不仅仅是带有橡木桶味的普通烈酒而已。实际上，它非常准确地体现了其故乡的特色：甜美的热带水果、兰花和鸡蛋花，混合着香草和椰子，可谓热带风情十足。如果想要用它制作混合短饮，苏打水就有不俗的实力，能够展现出一种甜美的青橄榄气息。干姜水会带来一些太妃糖风味和花朵芬芳，但可乐就显得侵略性太强了。如果稀释度较低，用椰子水混合出的饮品，会让人联想到加入了柠檬和威士忌的马利宝椰子朗姆酒。但最令人印象深刻的还是这款酒与绿茶的搭配，水果和花香风味都能得到提升，如果使用味道偏淡的乌龙茶，效果会更好。这种令人全身放松的舒适，就是家的感觉。

风味阵营	M2	可乐	2
苏打水	4	椰子水	3
干姜水	4	绿茶	5

威士忌与美食

如果你和朋友吃饭，很可能佐餐饮料就是一瓶苏格兰威士忌，配上冰块和水，陪伴你们享受桌上的美食。同样的场景在亚洲和拉丁美洲都很常见，并且在19世纪的苏格兰都是人们习以为常的做法（可能只是不会使用冰块）。有人说威士忌不能用来搭配食物，这个概念是绝对错误的。

找到完美搭配

用威士忌佐餐，与为威士忌找到完美的食物搭配是不同的。你必须进行更深入的思考，并对风味和质感不断尝试，才能找到与你手中的烈酒最为相称的食物搭档。

现在，威士忌晚宴已经在业内流行起来，经营者可以通过这类活动，增进人们对产品的理解。他们会精心地用不同的菜色搭配不同的酒款，将威士忌融入用餐体验，同时证明这种烈酒可以很好地替代餐桌上常见的葡萄酒或啤酒。

尽管如此，由于威士忌拥有更浓烈的风味，有人说它天生反骨，不会妥协。需要佐餐时，它更高的酒精度也常常需要将其更多地稀释。这样可以让过重的味道缓和下来，使其与食物更加协调。

很多人投入的大部分精力，都是在研究用单一麦芽威士忌来搭配不同的食物。只要找对了路子，确实可以创造惊艳的搭配效果。然而，我也愈发觉得，高端调和威士忌也可以成为一个更加方便、更容易搭配的选择。

这是一个非常有趣的领域，尽管也有人会觉得它可能变得有些故步自封。威士忌与食物的搭配确实值得深入探讨，但这已经超出了本书可以容纳的篇幅。

因此，我只在这里分享一些我个人的制胜法宝，它们能将威士忌更好地融入你的饕餮盛宴之中。

威士忌&海鲜

泥煤风格的单一麦芽威士忌不但有天生的烟熏感，也通常具备淡淡的盐度，这让它们与牡蛎、龙虾、蛤蚌、贻贝和扇贝的风味完美契合。然而，如果用来搭配熏制过的鱼肉，泥煤威士忌就会有些突兀。这时，你不妨尝试一下口感柔顺、富有水果风味的麦芽或调和威士忌，或者黑麦含量较高的波本和加拿大威士忌。

威士忌&刺身/寿司

也许有些难以置信，但这可能是一组极其美味的搭配。寿司的风味丰富又强烈，有海苔带来的海风和咸味、寿司饭中的酸甜、酱油的鲜美醇厚、山葵的热辣，以及寿司姜的甜蜜与辛香，可以说是五味杂陈。制作寿司使用的食材质感也是千差万别，有的爽滑、有的甜美、有的紧实。这样看来，复杂的食物与威士忌的复杂风味能够联系起来也并不奇怪。然而，过重的橡木桶味会破坏这种和谐，也就是说雪莉桶风格的麦芽威士忌和波本都不适合与寿司搭配。相反，你可以试试具有淡淡烟熏风味的麦芽威士忌，或是带有香草、新鲜果实或甜味香料的酒款。

威士忌&巧克力

一些葡萄酒较高的酸度和单宁，常常被视为它们与巧克力很难和谐相处的原因所在。但经过木桶陈酿的烈酒，可以说就是为搭配巧克力而生的。这是因为，更高的酒精度可以分解巧克力中的脂肪，让其中蕴含的复杂香气和风味释放得更加充分。另外，巧克力的风味中常常含有香草、可可、黑色水果、木地板和烟草的元素，这不正是与许多威士忌相契合的味道吗？这样一看，两者之间的默契并不让人感到意外。不过，橡木桶风味和单宁较强的威士忌仍旧没有用武之地。

威士忌&奶酪

这个组合同样难倒了许多葡萄酒，原因与巧克力相同。搭配奶酪时，胜利者依旧是威士忌，还是酒精分解脂肪、释放隐藏风味的原理。此外，让优质威士忌风味更加平衡的甜味成分会被醇厚的奶酪放大，酒体的复杂度从而变得更加明显。

威士忌还包含许多红酒中并不具备的风味成分，与奶酪中的一些味道相近：青草、发酵的香气、皮革、苹果……甚至是咸味。许多沿海地区出产的威士忌中的海水味，能够在它们与口味较重的蓝纹奶酪之间架起桥梁。柔软的绵羊奶酪更适合美国橡木桶造就的水果风味威士忌。尽管山羊奶酪搭配起来稍稍有些难度，但成熟的切达干酪与新鲜而富有苹果气息的酒是完美的组合。斯提尔顿奶酪（Stilton）与水果风味和烟熏风味的威士忌都相当契合，对于更成熟的蓝纹奶酪，可以用烟熏感强烈的麦芽威士忌来征服。

鸡尾酒

　　记得大概是十几年前，我协助伦敦的威士忌现场（Whisky Live）酒展举办过一场威士忌鸡尾酒比赛，决赛就是在酒展上进行的。我们当时坐在像裁判席一样的吧台前，但我能感受到身后的威士忌爱好者们的目光在盯我们——我能感觉到他们扬起眉毛，频频摇头，几乎不去掩藏窃窃私语的声音。对他们来说，用威士忌调酒是错误的。然而，时过境迁，当全世界都重新将目光投向威士忌时，威士忌鸡尾酒也受到了欢迎和重视。

简单糖浆

将等量的白糖与清水加热，直到白糖完全溶解，简单糖浆就完成了。你还可以用薄荷、柑橘等元素为糖浆调味。

或者直接去买一瓶。

威士忌的"摇"滚年代

用波本制作鸡尾酒算不上什么重大突破，因为美国威士忌爱好者向来"允许"他们喜爱的烈酒变成一杯美味、冰凉、口味强劲的混合短饮。但事实证明，这对苏格兰威士忌而言是个问题。有一种来自美国作家的观念一直在强调，苏格兰威士忌不应当用来制作混合饮品，或者说，不能用苏格兰威士忌来调酒。对我们的试验与探索来说，这是个相当大的障碍。

或许，作家查尔斯·H. 贝克（Charles H. Baker）在他1939年的著名著作《量杯、烧杯、酒杯》（*Jigger, Beaker & Glass*）中犯的唯一一个错误，就是写下了"遗憾的是，苏格兰威士忌并不适合调酒。在世界各地，它在混合饮品中唯一的价值就是加上苏打水，制作一种叫'威士忌苏打'的高球酒"。从这本书出版开始，到戴维·A. 恩伯里（David A. Embury）出版《调酒的艺术》（*The Fine Art of Mixing Drinks*）的10年间，苏格兰威士忌的地位几乎没有发生任何改变。这位大作家写道："（苏格兰）威士忌就像一位闷闷不乐的单身老人，一直固执地坚持独居生活，几乎从来不考虑与他人交往。"

"固执"可能确实是苏格兰人的骄傲，但我还是觉得这很难以置信。也许在他们生活的年代，苏格兰调和威士忌和今天的有所不同，而最让这个时代的美国作家们恼火的似乎正是烟熏的味道。虽然，烟熏风味在一些配方中确实显得太过浓烈，但也并不是说所有苏格兰威士忌都有浓重的烟熏感。即使在他们宣传这些观点的时候，也有不带烟熏味的调和威士忌。苏格兰威士忌的风味与波本不同，加拿大和爱尔兰威士忌也是如此，但这不代表人们不能对既有配方加以调整，或者找到其他方式来制作可口的鸡尾酒。

我们可以在接下来的文字中看到，如今的调酒师已经对苏格兰威士忌张开了怀抱，对它们的优点和缺点全盘接受，并且证明它们与"闷闷不乐"和"不合群"毫不沾边，而是恰恰相反。烟熏味不再是障碍，而是一个"跳板"，强劲有力的风味也是它们的优势所在。脑洞大开？太好了。调酒师们就是当代的风味裁判，他们所做的努力，为威士忌铺就了健康的未来。

鸡尾酒不是专业人士的专利。只要你有雪克壶、冰块、威士忌、苦精，以及一些看似不起眼的龙套角色，就可以在家制作堪称经典的威士忌鸡尾酒。一直以来，人们都是这样做的。

你唯一需要记住的就是：一定要了解你手中的酒。大多数经典配方都只是写着"威士忌"，这和食谱里说"这道菜要配上葡萄酒"没有本质区别。想要制作成功的饮品，关键在于要充分展现基酒的性格。威士忌就是这场演出中的主角，它稳坐在舞台中央，决定着其他材料行动的步调。

平衡也是关键所在。了解你要使用的威士忌之后，你就可以依照它的特点和你自己的口味来调整配方。这是很平常的道理。以曼哈顿鸡尾酒（见190—191页）为例，如果你的波本味道清淡（例如美格），你就需要控制味美思酒的用量，防止波本的风味被完全掩盖；相对而言，如果你用的是风味浓重的波本（比如威凤凰），甚至纯黑麦威士忌，提高味美思酒的比例才能达成平衡，有时甚至要做到与基酒等量。用苏格兰威士忌制作罗布罗伊（见191页）也是同样的道理。不是每个品牌都能拿来调酒，用拉弗格10年调制的罗布罗伊是个噩梦，而用2∶1的比例使用乐加维林16年，效果就会非常惊艳。了解品牌的性格和特点非常重要。

不要忽视苦精或者苦味酒的作用。很多经典配方里都有安高天娜（Angostura）苦精，但它之所以出现得那么频繁，往往是因为在配方出现的时候，可以用的苦味酒只有它一种而已。现如今，苦精的种类已经多得超乎想象，只要几滴，就能为饮品赋予生命力。如果你在家里只打算准备3种，我的建议是安高天娜、佩肖苦味酒（Peychaud's）和橙味苦精。

威士忌的风味浓烈大胆，用它们制作的也都是强劲的饮品。不要认为威士忌的作用仅仅是像伏特加一样提高酒精度，或是像金酒一样提升香气。威士忌有着自身的锋芒、力量和风味，有着独一无二的特征和性格。当你用它来调制鸡尾酒时，你得到的是一款"威士忌饮品"。接受它，了解它，然后享受无限的乐趣吧。

这些配方摘自 F. 马里安·麦克尼尔（F. Marian MacNeill）1956年的《苏格兰酒窖》（*The Scots Cellar*），但在这本书出版之前，有的配方已经有百年历史了。

1 汤匙（tbsp）
....
= 3 茶匙（tsp）
....
= 15 毫升
....

高地甜酒

白醋栗（去梗）1 品脱
....
柠檬果皮（去络）1 颗
....
姜泥 ½ 茶匙
....
威士忌
....

将白醋栗、柠檬皮和姜泥放入瓶中，灌满威士忌（我使用的是顺风威士忌）。搅拌后静置48小时，过滤，加糖调整甜度。再放置一周后享用。

葛缕子威士忌

苦橙皮 2 片
....
葛缕子 30 克（1 盎司）
....
肉桂棒 ½ 根
....
威士忌
....

将橙皮、葛缕子和肉桂放入瓶中，灌满威士忌（我使用的是格兰杰经典威士忌）。封瓶后放置两周，品尝味道。葛缕子的风味很容易被吸收，如果浸泡时间太长会使酒体发苦。用甜橙味的简单糖浆（见185页）调整风味。

风味威士忌

在家中制作风味威士忌，是苏格兰人的一大传统。尽管这种传统已经渐渐消失，但其中的一些亮点非常值得我们今天借鉴与传承。用浸泡的方式制作风味威士忌非常简单，跟着感觉走就可以了。下面的几种配方都是在家实践过的，非常值得一试。我建议大家使用清淡或水果风格的威士忌，至少不要有烟熏风味。

甜樱桃威士忌

在苏格兰人的词典里，"Gean"一词是"野樱桃"的意思。这种风味威士忌是樱桃白兰地很好的替代品。

樱桃 450 克（1 磅）去核
....
肉豆蔻种仁 1 颗
....
肉豆蔻干皮 1 片
....
干胡椒 5 颗
....
白糖 1 汤匙
....
威士忌
....

将樱桃果核捣碎，果肉和果核一同放入瓶中，加入肉豆蔻、胡椒粒和糖，再注满威士忌（我会使用顺风威士忌或帝王白标威士忌）。静置两周后尝试味道，如果需要，可以加少量糖调味。更长的浸泡时间，会让酒体更具有杏仁风味。

高原苦酒

在19世纪的苏格兰高地，苦酒扮演着与奎宁药水相同的角色。这个配方有点刺激，我有时会在鸡尾酒中用到它。

杜松子浆果 15 克（½ 盎司）
....
小豆蔻种子 3 颗
....
芫荽籽 5 克（⅛ 盎司）
....
风干龙胆根 1 克（1/25 盎司）
....
风干菖蒲根 5 克（⅛ 盎司）
....
风干甘草根 5 克（⅛ 盎司）
....
塞维利亚酸橙 取橙皮
....

将杜松子浆果、小豆蔻和芫荽捣碎，与其他材料混合放入瓶中，注满威士忌（我使用的是顺风威士忌），每天尝试味道。想要减少成品的苦味，可以减少龙胆根的用量，或者用少许糖来调味。

配方

只需抿上一口，你就会马上明白，为什么这种简单清爽的饮品会成为人们饮用苏格兰调和威士忌的首选。只需要简单调制和正确搭配，高球酒既解渴又能提升威士忌的风味，而且可以用更长的时间来享受。

目前为止，我最喜欢的一杯高球酒来自东京的罗克菲什（Rock Fish）酒吧，这里也是日本"高球革命"的摇篮。在这个酒吧里，玻璃杯和威士忌（角瓶）都存放在冰柜里，低温会让角瓶威士忌呈现更厚重的质感。苏打水也是冰过的，所以制作时不需要额外加冰。饮料中的威士忌含量更高，而威士忌与苏打水的比例是1∶3。完成后，调酒师还会在饮料表面挤上柠檬皮添加香气。

这种饮料的趣味来自苏打水里丰富的气泡，长饮杯可以让气泡停留得更久，也能让香气更加集中。下面的配方是我最喜欢的比例，但如果你想喝得更多酒，使用1∶1的比例也无妨。威士忌与苏打水1∶3会让饮料更温和。

冰块 3块

威士忌 1份

软饮 2份

将冰块放入长饮杯，倒入威士忌。轻轻搅拌后注满含汽软饮。

高球

高球酒的生命并非来自威士忌。1767年，约瑟夫·普里斯特利发明"充气水"后，人们用它兑上白兰地饮用，然后这种饮料迅速在维多利亚时期的绅士间流行开来。苏打水制作机（见62—63页）问世后，这种饮用方法也为更多人所接受。

干邑白兰地是最早用于调制混合饮品的陈酿烈酒，但葡萄根瘤蚜一度摧毁了干邑地区的葡萄园，生产也进入了停滞。但没了白兰地，人们还是得喝点什么，因此急需寻找一种可以代替白兰地的烈酒。而在干邑白兰地销声匿迹时，恰好迎来了苏格兰威士忌调配师的黄金时代，他们将北方那些性格独特的烈酒变成了风靡全球的产品（见31页）。一点点苏打水，就让苏格兰调和威士忌变成了全球中产阶级喜爱的酒精饮料，一时间变得几乎无处不在。

第一个制作威士忌高球酒的是什么人？这在今天仍旧是个谜。一位名叫帕特里克·达菲（Patrick Duffy）的纽约调酒师称，1894年，他是第一个实践这种配方的。当时，一位名叫E. J. 拉特克利夫（E. J. Ratcliffe）的英国演员要求他调制这样的酒，而在使用了一些厄舍的调和威士忌制作之后，"那一周，除了苏格兰威士忌高球酒，我几乎什么都没卖过……很快，百老汇的每个演员，纽约的每个酒吧常客，所有人都在喝这种简单的鸡尾酒。"据达菲说，为这款酒命名的正是那位拉特克利夫先生，但这只是这位深谙自我推销之道的酒保的一面之词。

那么，是英国人发明了这款酒吗？鸡尾酒历史学家戴维·翁德里奇（David Wondrich）发现了一份1884年的配方，是用黑麦威士忌和干姜水调制高球酒，它还有个高调的名字，叫作"醉鬼"（The Splificator）。这份配方比达菲宣称的时间更早，因此，军功章的一半很可能是其他人的。

衍生配方

牵牛花菲士

很惭愧，我在2012年才第一次尝试这款鸡尾酒。这是来自戴维·翁德里奇的推荐。对一个挑剔的人来说，它也是无与伦比的美味。

蓬塔利耶（Vieux Pontarlier）苦艾酒
3毫升（⅛盎司）
水 3毫升（⅛盎司）
鲜压柠檬汁（过滤）7.5毫升（¼盎司）
鲜压青柠汁（过滤）10毫升（⅓盎司）
糖（按容积计算）10毫升（⅓盎司）
苏格兰调和威士忌60毫升（2盎司）
蛋清 7.5毫升（¼盎司）
冰镇苏打水60毫升（2盎司）

将苦艾酒、水、柠檬汁、青柠汁和糖加入雪克壶，将糖搅拌至完全溶解。加入威士忌与蛋清搅拌混合。加冰充分摇和。完成后，将混合酒倒入长饮杯，注满苏打水。

感谢戴维·翁德里奇

玛米泰勒

这是1899至1902年间酒饕们的最爱，但谁都不知道它为何会突然失宠。你可以用干姜水代替配方中的姜汁啤酒，但后者的深度和力度都更强。

苏格兰威士忌60毫升（2盎司）
青柠汁22毫升（¾盎司）
姜汁啤酒
以青柠角装饰

将威士忌与青柠汁加入装满冰块的长饮杯调和。注满姜汁啤酒，用青柠角装饰。

感谢特德·黑格（Ted Haigh）

这种"醉鬼"鸡尾酒（也就是黑麦威士忌和干姜水）是禁酒令时期特别受欢迎的饮品之一。到了20世纪50年代，美国人变得更加理性，苏格兰威士忌制作的高球酒成为吧台的主宰。高球酒与苏格兰威士忌的关系非常紧密，因此在20世纪70年代末，苏格兰威士忌开始衰退时，高球酒也随之销声匿迹。现在，威士忌卷土重来，消费者们的目光也重新回到了这款最为简单的混合饮品上。

配方

波本 60 毫升（2 盎司）

甜味美思酒 30 毫升（1 盎司）

苦精 2 注（"注"指苦精瓶一次的甩出量，1 注约为 0.6—1 毫升）

推荐用橙味苦精混合安高天娜苦精

以酒渍樱桃装饰

把所有材料加冰调和，滤入鸡尾酒杯，用酒渍樱桃装饰。

曼哈顿

曼哈顿不仅是极富代表性的威士忌鸡尾酒，我认为，这款经典之作还是现代混合饮品的起源。

传说中，这款鸡尾酒是 1874 年纽约的曼哈顿俱乐部（Manhattan Club）为珍妮·杰尔姆（Jennie Jerome，英国前首相温斯顿·丘吉尔的母亲）"发明"的，但这种说法没有任何依据。阿斯托利亚区的好市民们说，这款酒是在纽约哈雷特湾的特拉福德庄园（Trafford Mansion）诞生的，配方的创造者是等待前往曼哈顿的渡轮的长岛居民。这仍旧是一个没有根据的猜测。也有可能是百老汇附近的一家小酒馆里，一位名叫布莱克（Black）的神秘酒保创造了这款传奇鸡尾酒。但是，知道这些又有什么用呢？

曼哈顿俱乐部似乎是这款酒公认的诞生地，但这家酒吧里也没有任何记录，说明曼哈顿鸡尾酒具体是哪一天出现的。但我们可以说，这是第一款用烈酒（也许最初是黑麦威士忌）与味美思酒调出的鸡尾酒。当调酒师们掌握了这个原则，他们就开始用其他烈酒进行探索和尝试，用"曼哈顿风格"进行复制和创作。也就是说，那段时间出现了许多甜鸡尾酒，我们今天熟知的马天尼（Martini）鸡尾酒，也是由金酒曼哈顿逐渐演变而成的。

这两款经典鸡尾酒之间的关系说来奇怪。想要了解曼哈顿"是什么"，最简单的方法是要弄懂它"不是什么"——让脑海里先浮现出马天尼鸡尾酒的样子，再想象与它截然相反的一面。可以说，曼哈顿是马天尼的"反义词"，风味与它的"双生姐妹"处在完全相反的两个极端。它是一款黑色电影般的鸡尾酒，拥有褪色的红色天鹅绒般的颜色（和风味）。那颗樱桃就像映在玻璃上的霓虹灯，在黑暗中散发暗淡的光，抚慰着夜幕下旅人的寂寞。曼哈顿的秘密，在于将风味最大化地呈现，烈酒的浓郁与味美思酒浓郁的草本甜味相融合，还有苦精带来的额外香气。

衍生配方

想要改编这款鸡尾酒，最简单的方法就是加入少量利口酒。查特香甜酒、柑曼怡、法国廊酒、库拉索酒、苦艾酒，全看你的个人发挥。或者，你也可以尝试其他风格的味美思酒。使用干味美思，或是干味美思与甜味美思各半，都能调出（我心目中的）完美效果。布鲁克林（Brooklyn）鸡尾酒（见204页）就是在这个基础之上，加入黑樱桃酒（maraschino）和皮康苦味酒（Amer Picon）调制而成的。

如果你想用苏格兰威士忌作为基酒，曼哈顿就变成了罗布罗伊鸡尾酒。对我来说，在罗布罗伊中使用橙味苦精效果更好。B1阵营（见70页）的调和威士忌需要用到2份威士忌、½份味美思酒；B2阵营的最佳比例是2∶¾；B3可以使用接近等量的威士忌和味美思；B4阵营以2∶1½为上。雪莉桶风格较重的麦芽威士忌不适合制作这款鸡尾酒，但用2∶1½的比例使用格兰菲迪15年的效果非常出色。你可以在这个基础上继续玩出新花样，比如加入少量利口酒来制作鲍比·伯恩斯（Bobby Burns）鸡尾酒（见209页），或者将味美思酒改为甜、干各半，制作一杯阿芬尼蒂（Affinity，见209页）。在我看来，口味清淡偏干的苏格兰威士忌更适合鲍比·伯恩斯的配方。

想要做出最迷人的平衡口味，你需要特别注意材料的比例。味美思酒的味道浓重，很容易就会抢走风头。记住，这可是一款威士忌鸡尾酒，不要让味美思酒掩盖威士忌的味道。只要注意这一点，理解其中的逻辑就不难了。如果你的波本味道较重，可以采用高达2∶1¾的比例；黑麦威士忌就要降到2∶1，而对更清淡的小麦波本来说，2∶½是最佳比例。

你还可以尝试不同的味美思酒。我平时会使用法国的诺瓦丽·普拉红味美思（Noilly Prat Rouge），但如果你的波本味道比较浓重，卡帕诺安提卡配方味美思（Carpano Antica Formula）的效果也不错。再次记住，比例是可以调整的。

配方

威士忌 60毫升（2盎司）

柠檬汁 30毫升（1盎司）

简单糖浆 15毫升（½盎司，见185页）

安高天娜苦精 1注（可选）

以半片甜橙装饰

所有材料加冰，使用硬摇法摇和，滤入冰镇玻璃杯。可以额外加入一注安高天娜苦精。

衍生配方

在酸酒的主题上加以发挥非常容易（正因如此，酸酒可以说是鸡尾酒中最大的家族了），通常的做法是把简单糖浆替换成利口酒或其他口味的糖浆。或者，你也可以在酸味成分上玩点花样。

例如，你可以使用等量的柠檬汁和橙汁，再加少量石榴糖浆，就有了一杯8区（Ward Eight）鸡尾酒（见204页），这是唯一一款以行政区命名的鸡尾酒。

在这个大家族中，饮用时间最长的是柯林斯（Collins）鸡尾酒，它的本质就是加上了冰和苏打水的酸酒。另外，菲士就是用于大口短饮的柯林斯。

在这些变化之中，你必须记住一点：这是一款叫醒味蕾的开胃酒，因此绝对不能做得太甜。

毕竟，生活就不是甜甜蜜蜜的，有些酸味才是人生。

酸酒

几个世纪以来，人们早就意识到，只要挤一点柠檬汁就能完全改变一杯烈酒。与其他经典鸡尾酒一样，酸酒的本质是一种简单的创作。它清新的味道令人唇齿留香，不论是夏日的悠闲午后，还是夜深人静、心中稍有苦闷的时刻，它都能完美地将味蕾和心情唤醒。酸酒的本质是要驾驭纯正的味道。一杯成功的酸酒几乎算不上鸡尾酒，而是属于成年人的柠檬汁。如果你已经可以调制一杯完美平衡的酸酒，你就可以制作任何一种混合饮品了。

用键盘打"酸酒"（Sour）这个词的时候，我常常将它错误地拼写为"Spur"（马刺）。这与安东尼·曼（Anthony Mann）和詹姆斯·斯图尔特（James Stewart）的西部片《血泊飞车》(The Naked Spur）不谋而合——这部电影就是在一种酸涩的方式，对人性和道德进行品味和沉思。事实上，这个类比相当贴切。如果说曼哈顿是一部黑色电影，那么酸酒就是一部剧情紧凑的硬核B级片。想象一下，你就是塞缪尔·富勒（Samuel Fuller），而这杯酒就是你的电影……

配方中酒与辅料2：1½的比例是一个基准。这款饮品不仅要在威士忌与酸度间达成平衡，还要考虑顾客（或者你自己）接受酸味的能力。我知道有一种专门调配酸酒用的混合软饮，但它并不值得尝试。况且，挤个柠檬能有多难呢？新鲜的果汁是必需的。想要用甜味来平衡酸度，简单糖浆就很不错。你还可以在雪克壶里加一个蛋清，营造一层顺滑的泡沫，但在摇和时一定要用上十足的力道。

配方

橙皮

方糖 1 块

水 1 茶匙

安高天娜苦精或橙味苦精 2—3 注

威士忌 90 毫升（3 盎司）

在古典杯中，将橙皮与方糖混合，加入水和苦精。再缓缓加入威士忌和冰，调和至顺滑。

古典

这又是一款不折不扣的经典鸡尾酒。面对这样一个令人尊敬的名字，你又怎能质疑这款鸡尾酒的血统呢？这款酒中的一切都在解释着什么叫作稳定、担当、安全，什么叫作不变的永恒。它就像是一个祖祖辈辈传下来的秘密，是用来向成熟致敬的美酒。

多年以来，我一直在想，古典鸡尾酒真的就这么"古典"吗？顾名思义，这款鸡尾酒是在向某种古老的风格致敬，也就意味着曾经的"古典鸡尾酒"是明亮的、光鲜的、崭新的——也就是说，它也有过不"古典"的时候。

然而，这样的名字似乎也暗示着，有一种鸡尾酒曾经风靡一时，但现在已经是昨日黄花。这样看来，"古典鸡尾酒"可能的确一直都是"古典"的。它是否能唤醒人们对那个简单的时代的回忆呢？那是一种温暖又模糊的感觉，木屋、拓荒者、门廊上的摇椅和刚刚烤制出来正放在窗台上晾凉的馅饼。这一点都不"古典"，而是超越时间的隽永。

对于上述总结，我有艾尔·乔森（Al Jolson）的音乐作为支撑。1935 年，这位歌手在一部叫作《随你而舞》（*Go Into Your Dance*）的音乐剧中唱道：

"如果你觉得孤独又迷茫，

觉得需要知心朋友，

那就来一杯完美的古典鸡尾酒，

陪伴一位古典的好姑娘。"

这是 20 世纪 30 年代的音乐，而古典鸡尾酒已经是艾尔回忆中的饮品了。不过，这是合理的，因为古典鸡尾酒一度正是混合"任何一种烈酒、苦精和糖"的鸡尾酒，又称"苦味司令"。在选择威士忌作为基酒时，它就是唯一的"威士忌鸡尾酒"（见 204 页）。因此，19 世纪初就是一切开始的地方，而在大概 90 多年后，"古典"成了它的新名字，这确实够古典的。

那么，想要做好一杯古典鸡尾酒难不难？走着瞧吧。越是简单的鸡尾酒，材料之间的平衡就越重要。对于这款酒来说，问题大多出在加水的量上。在捣碎方糖后，加入的水只是为了让糖渣更好地溶解，绝对不能加得太多。所有的稀释，都应该交给调和时的方冰来完成。用简单糖浆？可以是可以，但你会让这款酒失去表现力。换种水果？不行。捣碎的水果就像这么做的调酒师的思路一样糊里糊涂。

与糖进行充分的摩擦之后，橙皮中的芳香油会释放出来，为饮品添加迷人的香气。在糖几乎完全溶解后，缓缓加入少量威士忌和冰。不要着急，慢慢调和。等到时机成熟，再加入剩余的威士忌，慢慢调和，加冰，慢慢调和……用这款名叫"古典"的威士忌鸡尾酒来致敬时光流逝，好像确实很合理。这是一款用于沟通和交谈的鸡尾酒，不论是制作还是享用，都不能操之过急。毕竟，这款酒还是挺烈的。

配方

　　制作威士忌潘趣酒的第一步是制作"糖油"（oleo saccharum）。在这一步上多花点时间，取柠檬皮时，皮肉之间白色的络保留得越少越好——这样一来，你的潘趣酒就已经成功了一半。

柠檬1个 取柠檬皮

德梅拉拉糖 55克（2干量盎司）

开水 1.4升（2½品脱）

波尔斯或知更鸟威士忌 1瓶

　　制作"糖油"时，将柠檬皮与糖一同捣碎，静置1小时，等待柠檬皮中的芳香油充分释放，然后再捣一次。

　　将"糖油"放置在耐热的大碗中，加入225毫升（8盎司）滚烫的开水，搅拌。

　　加入威士忌。一边尝味道，一边缓缓加入剩余的开水。

　　趁着温热时享用。

　　感谢戴维·翁德里奇

威士忌潘趣酒

　　英国的潘趣酒爱好者如果穿越回18世纪的苏格兰高地，一定会觉得非常困扰。不仅因为那是一个未开化的"蛮荒之地"，还因为那里的人明显不知柠檬为何物。就像做蛋卷不能没有鸡蛋，潘趣酒爱好者们认为，没有柠檬就不能做潘趣酒。不用柠檬？天啊，太野蛮了。

　　当年，我们的朋友伯特上尉带着柠檬（见16页），紧张兮兮地深入了苏格兰高地的荒原。在伯特上尉的时代，前往高地的旅行者常常把柠檬装在马脖子上的袋子里。尽管当时的许多配方都包含柠檬这种水果（包括朗姆潘趣酒），但这种消费仅限于低地。旅行者们将柠檬带到遥远的北方高地，并赠送给招待他们的主人，这被当地人看作最高规格的礼物。

　　身在边境以北时，约翰逊博士不是最快乐的人（仔细想想，他也几乎从来不是最快乐的家伙）。他也对盖尔人"令人发指"的潘趣酒做法发表过评论。但很显然，这两位旅行者都没有见过之后塞缪尔·莫尔伍德（Samuel Morewood）在著作中记录的，高地居民使用花楸浆果为潘趣酒调节酸度的做法。

　　苏格兰是一个喝潘趣酒的地方，但当时最受欢迎的并不是威士忌潘趣酒。在18世纪的格拉斯哥，不论贫富，人们主要喝的都是朗姆潘趣。不过，考虑到这里当时是一个重要的糖业（和奴隶）贸易港，这其实并不奇怪。从17世纪末开始，这里就有朗姆酒蒸馏厂了，比威士忌制作还要早一些。

　　让我们再次把话题转回柠檬。著名学者戴维·翁德里奇在他的权威著作《潘趣酒》（*Punch*）中说，制作威士忌潘趣酒时不需要使用大量柠檬汁，因为这款酒通常是热饮，这也与苏格兰寒冷的气候有关。在热潘趣中加入柠檬汁反而会破坏平衡。没错，我们需要柠檬，但只需要皮而已。

衍生配方

让杰里·托马斯带你来制作一款19世纪的苏格兰热潘趣。在1862年的《调酒师指南》中，他特别强调要用艾雷岛区或格兰威特麦芽威士忌——这不止展现了他对风味的了解，还说明当时在美国可以相对轻松地获取苏格兰单一麦芽威士忌。

如果要选用内陆地区的产品，我会选择格兰威特12年。如果要走烟熏风格的路线，我的选择是齐侯门玛吉湾或泰斯卡10年。

如果你想要做冰的威士忌潘趣酒，也可以按照196页的方法来制作，把做好的酒放进冰箱冷藏。准备享用或待客时，在大碗里放入一大块冰，把酒倒进去，再加入90毫升（3盎司）柠檬汁就可以了。

托马斯还列举了一款命名非常亮眼的"展翼之鹰潘趣酒"。我总是用这个词来形容人们酒过三巡时的状态，但戴维·翁德里奇说，这个名字若不是指美国的国家象征，就是一个证券行业的术语。

这种潘趣的配方也与196页的一致，但由于"展翼之鹰"中威士忌的含量是标准做法的两倍，你也需要两份"糖油"来调味。

柠檬2个 取柠檬皮
德梅拉拉糖115克（4干量盎司）
瑞顿房黑麦威士忌1瓶
波摩传说或卡尔里拉12年麦芽威士忌
1瓶
开水2.8升（5品脱）

用196页的相同方法准备"糖油"，加入450毫升（16盎司）开水，再注入威士忌。一边品尝，一边继续用开水稀释。趁温热享用。

尽管威士忌潘趣酒的经典配方相对较少，但我觉得它是一款值得反复品味和审视的聚会饮品。就像一首古老的英国民歌中唱的那样，所有喝威士忌的人都应该常"探探碗有多深"（Fathom the Bowl）。

配方

碎冰

简单糖浆 30毫升（1盎司，见185页）

波本 90毫升（3盎司）

新鲜薄荷叶 6簇

在银色茉莉普杯或长饮杯中加入半杯碎冰，再加入糖浆和波本调和20秒。加入更多的冰，继续调和，直到杯壁外侧结霜。加入更多的碎冰，在杯口堆高，以薄荷叶装饰。插入吸管享用。

衍生配方

你可以在制作简单糖浆时就加入薄荷，或者使用我们的老把戏——用利口酒代替糖浆。

茉莉普酒

这款经典鸡尾酒诞生于弗吉尼亚州，那时这里的居民习惯在早上喝一杯司令酒，常用的基酒或许是干邑白兰地。但由于进口白兰地的价格飙升，人们就开始用本土威士忌来制作混合饮品。而使用薄荷既让人想到博伊斯的花园（见14页），也表明那时的人们对薄荷的刺激气味有所了解。

茉莉普酒给我的第一印象，是一种非常"文明"的体面饮料，是美国南方绅士风度的缩影。调酒师上酒时，总会将一张餐巾纸和结着霜的银色酒杯一起递给你，以防杯子上的水珠沾湿你的手。不过，等一下，虽然这是为博学有礼、身穿白色西装的绅士们准备的鸡尾酒，但如果仔细打量一下他们的打扮，这些人的膝盖上常常有草（薄荷？）的痕迹。再观望一下周围的环境，柳条编就的椅子上总有几个窟窿，门廊上的油漆也层层剥落，一切都不像想象中的那么美好。茉莉普酒也并非那么礼貌的鸡尾酒，而是充满着优雅和教养的堕落饮料。这样的饮品属于一个个漫长而失落的下午——撕碎的赌票、歌者慵懒的长音还有面带憔悴的女郎，她们的额头却像杯中的人造珍珠一样泛着光亮。

配方

苏格兰威士忌 30毫升（1盎司）

（桑吉耐劳）血橙汁 30毫升（1盎司）

樱桃甜酒 22.5毫升（¾盎司）

甜味美思酒 22.5毫升（¾盎司）

加冰摇和，滤入冰镇鸡尾酒杯。

血与沙

这款绝佳的苏格兰威士忌鸡尾酒，是在哈里·克拉多克1930年出版的《萨沃伊鸡尾酒手册》里首次出现的。它的名字来自鲁道夫·瓦伦蒂诺（Rudolph Valentino）1922年主演的一部电影，电影的主角是一位被诅咒的角斗士。这款看成分似乎甜美无害的饮品中，确实有元素能够恰当地与激烈残酷的斗牛联系起来。樱桃白兰地？橙汁？甜苦艾酒？在这些舞动着的艳丽色彩背后，一把利刃即将图穷匕见。只有在威士忌的风味深深刺入味蕾时，你才能感受到它的存在。

如果你忽视橙汁的作用，后果就和被愤怒的公牛追上一样。桑吉耐劳血橙有一种类似葡萄柚的酸度，这种味道可谓锋芒毕露。用一盒加了糖的橙汁来做这款酒，简直就是在浪费时间。在樱桃利口酒的选择上，不妨尝试风味复杂的希零（Heering），或者使用自己浸泡的甜樱桃威士忌（见187页），不过千万不要用德国的樱桃白兰地。在酒款选择方面，尊尼获加黑牌（B4阵营）、帝王12年（B2阵营）或国王街威士忌（B2）都可以。而口味更清淡的威士忌，就没有参加血与沙这场"厮杀"的勇气了。

配方

纯黑麦威士忌 90 毫升（3 盎司）——我选择
萨泽拉克威士忌

简单糖浆 22.5 毫升（¾ 盎司）

佩肖苦味酒

苦艾酒

以柠檬皮作为装饰

在调和杯中，将黑麦威士忌、糖浆和冰块上的一些苦精充分调和。将另一个玻璃杯用苦艾酒冲一下，倒干净备用。将第一杯中的材料滤入杯中，用拧过的柠檬皮做装饰。

饮用时，别忘怀着一颗敬畏之心。

萨泽拉克

与茱莉普酒一样，这也是一款从白兰地世界"篡夺"来的鸡尾酒。这个故事既涉及政治（当年的法国人被逐出路易斯安那州），也关乎口味。

现在的萨泽拉克鸡尾酒，最早是作为一种使用干邑（或白兰地）的古典鸡尾酒存在的。但在1850年，一位名叫休厄尔·泰勒（Sewell Taylor）的酒保开始从生产商萨泽拉克品牌（Sazerac De Forge）那里引进干邑白兰地，然后以古典鸡尾酒的调制方法来制作。后来，休厄尔的酒吧被出售给了另一位名叫阿龙·伯德（Aaron Birds）的调酒师，这位调酒师为酒吧取了个新名字——"萨泽拉克咖啡屋"，而代表性的饮品也随之登上了吧台。

苦艾酒似乎是19世纪60年代才出现在这款酒中的。在接下来的10年里，根瘤蚜虫对干邑地区的葡萄生产带来了致命影响，也正是因此，酒吧老板开始用本土的纯黑麦威士忌来代替干邑白兰地。就这样，它一直流传了下来（当然，干邑白兰地也值得一试）。

不论基酒是哪一种，这款酒都讲述着它的故乡——新奥尔良。苦艾酒和苦味酒混合在一起，散发出安静迷人的淙淙浓香，让你能够看到这座城市离经叛道的一面。这是一款危险诱人的鸡尾酒，口味浓烈强劲，甜度足以让你对人类重燃希望。然后就是黑麦带来的尖锐和刺痛感——必须是黑麦。它像一把弹簧刀一样突然袭击，在酒吧的地板上留下一片殷红。再喝一口，然后踉踉跄跄地拿着酒杯走到大街上，到处都是音乐，到处都是晃动的面孔、移动的墙壁。你可以疯狂地大笑，手舞足蹈地投入颓废的怀抱，就像是喧闹的新奥尔良。萨泽拉克鸡尾酒就在你的血管里流淌。

经典鸡尾酒

百万富翁 >

波本 60毫升（2盎司）

库拉索酒 15毫升（½盎司）

红石榴或覆盆子糖浆 7.5毫升（¼盎司）

蛋清

"将后三种材料混合，（加冰后）分三次加入波本，每次添加后摇和。最后滤入鸡尾酒杯。"

——摘自戴维·A.恩伯里《调酒的艺术》

布鲁克林

纯黑麦威士忌 60毫升（2盎司）

干味美思酒 30毫升（1盎司）

甜味美思酒 30毫升（1盎司）

皮康苦味酒 1注

路萨朵樱桃利口酒 1注

将所有材料加冰摇和，滤入鸡尾酒杯。

猎人

你认为这款酒肯定不好喝，但是……

老埃兹拉101 60毫升（2盎司）

希零樱桃利口酒 30毫升（1盎司）

安高天娜苦精 1注

将所有材料加冰调和。
由东京银座"击掌"酒吧（Bar High Five）的上野先生（Ueno-san）重现。
加斯·里甘还创作了苏格兰威士忌版本，名叫伯内特（Burnet）：
格兰杰经典威士忌75毫升（2½盎司），希零樱桃利口酒1茶匙，安高天娜苦精柠檬皮1段。
见206页，难忘缅因州。

巴巴里海岸

波本 60毫升（2盎司）

橙汁 15毫升（½盎司）

甜味美思酒 15毫升（½盎司）

黄色查特酒 1注

"将所有材料加冰摇和，滤入鸡尾酒杯。"

——摘自戴维·A.恩伯里《调酒的艺术》

威士忌鸡尾酒

"准备一个大玻璃杯。"

锉冰 ¾杯

树胶糖浆 2—3注，注意不要过量

苦精 1½或2注（只能使用柏克斯苦精）

库拉索酒 1—2注

威士忌 1红酒杯

"用吧勺充分调和，滤入鸡尾酒杯，用樱桃或中等大小的橄榄装饰，挤上柠檬皮。"

"这款酒无遗是最受欢迎的美国威士忌。"

——摘自哈里·约翰森1888年《调酒师手册》中的原创配方

8区

纯黑麦威士忌 60毫升（2盎司）

橙汁 30毫升（1盎司）

柠檬汁 30毫升（1盎司）

红石榴糖浆 适量

将所有材料加冰摇和，滤入鸡尾酒杯。

威士忌黛丝 >

"准备一个大玻璃杯。"

糖 1 汤匙

柠檬汁 2—3 注

青柠汁 1 注

苏打水 1 份（用制作机虹吸管计量）
溶入柠檬汁和青柠汁

细锉冰 ¾ 杯

高级威士忌 1 红酒杯

用锉冰注满酒杯

黄色查特酒 ½ 小酒杯（15毫升/½盎司）

"用吧勺充分调和，使用漂亮的酒杯，以时令水果装饰。将调和好的酒滤入酒杯。"

"这款酒非常可口，几乎所有人都会喜欢。"

——摘自哈里·约翰森 1888 年《调酒师手册》中的原创配方

难忘缅因州

波本 60 毫升（2 盎司）

甜味美思酒 22.5 毫升（¾ 盎司）

樱桃白兰地 7.5 毫升（¼ 盎司）

苦艾酒 随品尝注入适量

安高天娜苦精 随品尝注入适量

"所有材料加冰顺时针调和，滤入鸡尾酒杯。"

——摘自查尔斯·H. 贝克《量杯、烧杯、酒杯》

锈钉

利口酒的用量需要根据威士忌的口味（或烟熏风味）来调整。这是苏格兰威士忌鸡尾酒，不是杜林标鸡尾酒。

这款"锈钉"（Rusty Nail）鸡尾酒还有用拉弗格威士忌和洛克费恩利（Loch Fyne）口酒调制变体"秀"钉（Busty Nail），不可以用其他酒代替。

苏格兰威士忌 75 毫升（2½ 盎司）

杜林标利口酒 15 毫升（½ 盎司）

所有材料加冰调和，滤入古典杯。

弗里斯科

波本 60 毫升（2 盎司）

法国廊酒 15 毫升（½ 盎司）

柠檬汁 7.5 毫升（¼ 盎司）

"将所有材料加冰摇和，滤入鸡尾酒杯。"

——摘自戴维·A. 恩伯里《调酒的艺术》

苏格兰"黑特派"（热品脱）

"将肉豆蔻磨碎，放入 2 夸脱麦酒中，煮至沸腾。

准备少许冷麦酒，与大量糖和 3 个鸡蛋搅打均匀。

将第一步的热麦酒与蛋液慢慢混合，注意不要凝固。

放入 ½ 品脱威士忌，再次加热至接近沸腾。在两个容器之间来回快速倾倒酒液，使之口感顺滑，色泽明亮。

成品通常装在热铜壶中。这就是爱丁堡与格拉斯哥著名的'黑特派'。"

——摘自梅格·道兹 1829 年《厨师与主妇手册》

< 阿尔冈琴族人

纯黑麦威士忌 60 毫升（2 盎司）

干味美思酒 30 毫升（1 盎司）

鲜榨菠萝汁 30 毫升（1 盎司）

将所有材料加冰摇和，滤入鸡尾酒杯。

阿芬尼蒂

苏格兰威士忌 30 毫升（1 盎司）

干味美思酒 30 毫升（1 盎司）

甜味美思酒 30 毫升（1 盎司）

橙味苦精 2 注

将所有材料加冰摇和，滤入鸡尾酒杯。

鲍比·伯恩斯

苏格兰威士忌 60 毫升（2 盎司）

甜味美思酒 30 毫升（1 盎司）

法国廊酒 2 注

以一段柠檬皮装饰

所有材料加冰调和，滤入鸡尾酒杯。用柠檬皮装饰。

也有用苦艾酒或杜林标酒替换的法国廊酒衍生配方。

热托蒂酒 V

我喝过最美味的威士忌热托蒂，是在爱尔兰蒂珀雷里郡的凯尔，马隆哥尔提客栈（Malone's Galtee Inn）的"禁酒"酒吧（The Temperance Bar）。这里的热托蒂有一个"独家秘方"，其中有焦糖橙皮、蜂蜜、肉桂和波尔斯威士忌。

热水 150 毫升（5 盎司）

柑橘果皮

蜂蜜 1 茶匙

苏格兰或爱尔兰威士忌 60 毫升（2 盎司）

肉豆蔻（可选）

在一个大玻璃杯中放入橘皮和蜂蜜，倒入热水轻轻搅拌，让蜂蜜完全溶化。加入威士忌继续搅拌。如果喜欢肉豆蔻的香味，可以在上面少许磨碎的肉豆蔻粉。

还有些人喜欢在热托蒂中加入肉桂棒和丁香，这些全都由你自己决定。

警务报

波本 90 毫升（3 盎司）

干味美思酒 2 注

简单糖浆 3 注（见 185 页）

安高天娜苦精 2 注

库拉索酒 2 注

路萨朵樱桃利口酒 2 注

将所有材料加冰摇和，滤入鸡尾酒杯。

首次刊载于 1901 年《新警务报调酒师指南》（The New Police Gazette Bartender's Guide）；威廉·格兰姆斯（William Grimes）1993 年的《净饮与加冰》（Straight Up or On The Rocks）也收录了该配方

花花公子

善于观察的你，也许会发现这款酒就是用威士忌制作的尼格罗尼（Negroni）。其实这个配方的要早于那款经典的金酒鸡尾酒。

纯黑麦威士忌 45 毫升（1½ 盎司）

金巴利苦味酒 30 毫升（1 盎司）

卡帕诺安提卡配方味美思 30 毫升（1 盎司）

以樱桃作为装饰

在调酒杯中，将所有材料加冰调和，滤入鸡尾酒杯。用一颗樱桃装饰。

衍生自特德·黑格的《复古烈酒与鸡尾酒》（Vintage Spirits and Forgotten Cocktails）

全新变奏

这里还有一些现代威士忌鸡尾酒创新配方，它们来自全球最具创意的一群调酒师。有的配方使用的材料非常奇特（比如，见过雪莉酒泡三文鱼吗？），并且大多在技法上有所要求，说明威士忌本身和调酒师对它们的态度都发生了质的转变。现在，威士忌卷土重来，而众多调酒师也认为它们拥有迷人复杂的风味，可以演奏出完全不一样的旋律。可以说，威士忌的复杂就像伏特加的纯净一样，让这些优秀的调酒师趋之若鹜。

好吧，你没必要在家尝试下文中描述的一些技巧。不过你可以放眼全球，寻找最棒的酒吧，放开身心，尽情在威士忌的魅力中沉醉。

斗牛士

波摩至暗鸡尾酒 40 毫升（1⅓ 盎司）

苦艾酒 2 注

橙花水 2 注

路萨朵樱桃利口酒 1 茶匙

简单糖浆 1 茶匙（见185页）

好奇都灵映像味美思酒 20 毫升（⅗ 盎司）

装饰物：一段橙皮、樱桃

将所有材料加冰短暂摇和，滤入冷藏的小鸡尾酒杯。用一段橙皮和一颗樱桃作为装饰。

感谢来自伦敦的瑞安·切蒂亚瓦德纳。他不仅被誉为全英极具创意的调酒师之一，也是一个狂热的威士忌爱好者。

尊尼获加的248种享用方式 >

尊尼获加蓝标 60 毫升（2 盎司）

简单糖浆 1 茶匙（见185页，在调味时，你可以选用橘子、葡萄干、丁香、玉米、肉桂、蜂蜜、或榛仁）

苦精（可选安高天娜、佩肖、橙味、天寻）或苦艾酒 2 注

调味冰块 2 块（可选甜茶、烟熏茶、雪莉茶等）

让你的客人来掷个骰子、转一下轮盘、从魔术帽中抽一张筹码。每个步骤都决定着酒中哪一种糖浆、苦精或冰块能够登场。顾名思义，这款酒有248种组合方式。

在这里感谢悉尼半球酒吧（Hemmesphere Bar）的蒂姆·菲利普斯（Tim Philips）。他在2012年帝亚吉欧的世界年度调酒师大赛中创作了这款鸡尾酒。

赛瑞斯小丑 >

为模拟雪莉酒和陈酿年份很长的烈酒中轻微的火药和点燃火柴的气味，这款酒的设计有更多的维度和乐趣。（请注意，在家自己制作时不需要气球。）

帝摩15年威士忌 25毫升（⅘盎司）

黑刺李金酒 25毫升（⅘盎司）

简单糖浆 15毫升（½盎司，见185页）

柠檬汁 25毫升（⅘盎司）

蛋清 25毫升（⅘盎司）

装饰物：

姜味苦精 3注

喷有柠檬精油的氢气球

将所有材料不加冰干摇，再加方冰摇和，双重过滤倒入冷藏的库佩特酒杯（coupette glass，亦译做飞碟环、玛格丽特杯）中。用姜味苦精和散发着柠檬香味的气球作为装饰。用魔术师的绳子将气球固定在杯子上。

享用时，从杯子一端点燃绳子，气球会随着燃烧升起并爆炸，将柠檬和火药的味道挥洒在空气中。

感谢瑞安·切蒂亚瓦德纳。

绅士的秘密

尊尼获加蓝标 40毫升（1⅓盎司）

梨味利口酒 15毫升（½盎司）

佩德罗·希梅内斯雪莉酒 12.5毫升（⅖盎司）

薰衣草味苦精 6滴

以一枝薰衣草作为装饰

将所有材料加冰调和，滤入库佩特酒杯。装饰一枝薰衣草。

感谢巴塞罗那欧拉酒店（Ohla Hotel）的朱塞佩·圣玛丽亚（Guiseppe Santamaria）。他在2012年帝亚吉欧的世界年度调酒师大赛中创作了这款鸡尾酒。

帕多瓦尼

格兰杰稀印威士忌 50毫升（1¾盎司）

圣哲曼接骨木花利口酒 15毫升（½盎司）

在平底玻璃杯中加入大方冰，轻搅所有材料调和。

感谢德国汉堡狮王酒吧（Le Lion）的约尔格·迈尔（Joerg Meyer）。

榻榻米鸡尾酒

"阳光洒进晚秋的和式房间。"

山崎12年 20毫升（⅗盎司）

可可利口酒 10毫升（⅓盎司）

菠萝汁 20毫升（⅗盎司）

甜杏白兰地 5毫升（0.16盎司）

鲜压柠檬汁 5毫升（⅙盎司）

简单糖浆 1茶匙（见185页）

装饰物：

山崎12年 60毫升（2盎司）

一支柠檬草

将20毫升山崎12年与可可利口酒倒入调酒杯，加冰调和。菠萝汁、甜杏白兰地、柠檬汁及糖浆加冰摇和，滤入鸡尾酒杯，将威士忌和可可利口酒混合液浮在上层。

制作装饰物时，将60毫升山崎12年倒入装有柠檬草的杯中，用火焰加热浸泡在威士忌中的柠檬草，再将柠檬草放入"榻榻米"酒杯中。

感谢东京公园酒店（Park Hotel）及芝公园酒店（Shiba Park Hotel）的铃木隆行（Takayuki Suzuki）。铃木先生的所有鸡尾酒，灵感都来源于自然世界，并且是在季节的影响下创作的。

< 库林山之火

黄油面包1片

泰斯卡10年 50毫升 (1¾盎司)

质感细腻的柑橘酱 1茶匙

简单糖浆 10毫升 (⅓盎司, 见185页)

橙味苦精 2注

鸡蛋 1枚

将威士忌倒在烤制后的面包上, 浸泡一分钟后将面包中的威士忌挤出过滤。将威士忌与其他材料装入雪克壶, 首先不加冰摇和, 再加入方冰摇和。双重过滤倒入冰镇后的笛型酒杯。

感谢瑞安·切蒂亚瓦德纳。

绿色阳光

"恰如夏秋之间日本葡萄园中的景象。"

秩父3年 25毫升 (⅘盎司)

莫斯卡托葡萄汁 37.5毫升 (1¼盎司)

山葵酱 1茶匙

以日本胡椒 (山椒) 叶装饰

所有材料加冰调和, 滤入库佩特酒杯。用日本胡椒叶装饰。

感谢铃木隆行。

君临天下

百富双桶威士忌 45毫升 (1½盎司)

利莱白开胃酒 15毫升 (½盎司)

简单糖浆 1注

苦艾酒

装饰物:

一段柠檬皮

一丛薄荷叶

将苦艾酒以外的材料加方冰调和。用苦艾酒冲洗岩石杯 (即古典杯, 平底广口的玻璃杯), 加入大块冰, 将调和好的酒滤入杯中。用切条的柠檬皮以及薄荷叶装饰。

感谢瑞安·切蒂亚瓦德纳。

塔利斯曼

泰斯卡10年 50毫升 (1¾盎司)

鲜压柠檬汁 20毫升 (⅗盎司)

浸泡海藻与海盐的糖浆 2茶匙

石楠蜂蜜 2茶匙

比特储斯甜杏利口酒 1茶匙

以研磨黑胡椒装饰

将前四种材料加冰摇和, 滤入以甜杏利口酒冲洗并经过冷藏的鸡尾酒杯。用黑胡椒装饰。

感谢奥斯陆生命之水酒吧 (Acqua Vita) 的莫妮卡·贝格 (Monica Berg)。

叶樱 ^

"樱花飘落, 留下枝头一片新绿。"

云顶10年 20毫升 (⅗盎司)

鲜奶油 20毫升 (⅗盎司)

茴香酒 1茶匙

樱花糖浆 1茶匙

木槿花糖浆 1茶匙

以鲜留兰香薄荷装饰

将所有材料加冰摇和, 滤入鸡尾酒杯。用留兰香薄荷叶装饰。

感谢铃木隆行。

拉弗格思慕雪

拉弗格10年 30毫升（1盎司）

茴香酒 1茶匙

新鲜葡萄柚 半个

新鲜留兰香薄荷叶 10片

简单糖浆 2茶匙

　　将所有材料与冰块放入搅拌机打碎，放入长饮杯。
　　感谢铃木隆行。

绿色和风 ∧

　　"初夏时节，森林中的一阵清风。"
　　享用时，你首先会吸入薄荷香气，然后品尝到苏打水、汤力水的清新，接下来威士忌和薄荷的风味才会慢慢浮现。

鲜留兰香薄荷，留下一些作为装饰物

白薄荷利口酒 5毫升（1⁄6盎司）

冰球

白州12年 30毫升（1盎司）

汤力水 30毫升（1盎司）

苏打水 90毫升（3盎司）

　　将薄荷叶与薄荷利口酒加入长饮杯，冰球放置在薄荷上方。倒入白州威士忌，注满汤力水与苏打水。用留兰香薄荷叶装饰。
　　感谢铃木隆行。

万灵药

康沛勃克司亚塞拉威士忌 50毫升（1¾盎司）

柠檬汁 25毫升（4⁄5盎司）

蛋清 25毫升（4⁄5盎司）

简单糖浆（见185页）2茶匙

席拉布果醋（15毫升/1⁄2盎司）

薰衣草花朵 200克（7干量盎司）

苹果醋 1½升（53盎司）

蜂蜜 200克（7干量盎司）

糖 300克（10½干量盎司）

鼠尾草粉末：

鼠尾草叶 20片

以简单糖浆包裹

　　准备果醋：将薰衣草花朵浸泡在苹果醋中，在40℃（104℉）环境下低温水浴2小时。过滤后中火炖煮30分钟，用蜂蜜与糖增加甜度。
　　制作鼠尾草粉末：用简单糖浆包裹鼠尾草叶，使用低烘箱或脱水机脱水。用研钵捣碎，再使用滤茶器过滤。
　　将所有材料放入雪克壶，不加冰干摇，再加冰使用硬摇法摇和。双重过滤加入库佩特酒杯，用一小撮鼠尾草粉末作为点缀。
　　感谢瑞安·切蒂亚瓦德纳。

佩斯利情话 ＞

国王街威士忌 40毫升（1⅓盎司）

葡萄柚苦精 1注

接骨木花甜酒 2茶匙

龙嵩叶 3丛

苏打水

以一段柠檬皮装饰

　　在长饮杯中加入冰块，再加入威士忌、苦精与甜酒轻搅。继续加冰，加入龙嵩叶，最后注满苏打水。柠檬皮切条装饰。
　　感谢瑞安·切蒂亚瓦德纳。

竹叶马天尼

"在冬末与初春之间。"

日本柚子是一种产自日本的柑橘类水果，如果找不到，可以尝试葡萄柚和青柠。

白薄荷利口酒 1 茶匙

白州 12 年 30 毫升（1 盎司）

矿泉水 30 毫升（1 盎司）

浸泡竹叶的简单糖浆 2 茶匙（见185页）

装饰物：

一段柚子皮

竹叶

将薄荷利口酒倒入装满冰的调酒杯中搅和，让冰表面带有利口酒的味道，再倒掉多余的利口酒。加入威士忌、水与竹叶糖浆，搅动调和后滤入衬有竹叶的鸡尾酒杯中。柚子皮切条装饰。

感谢铃木隆行。

古纳斯伯利早餐

国王街威士忌 35 毫升（1¼ 盎司）

皮埃尔费朗干库拉索酒 1 茶匙

安高天娜苦精 2 注

以新鲜树莓装饰

麦片苏打：

燕麦片 50 克（1¾ 干量盎司）

香草荚

盐 1 茶匙

水 1 升（1¾ 品脱）

准备麦片苏打：燕麦片、香草荚与盐在65℃（149℉）的水中低温炖煮40分钟，过滤，边尝试味道边加糖调味，甜度足够后用苏打水制作机加汽。

在长饮杯中加入冰块，再加入威士忌、库拉索酒及苦精轻搅。继续加冰，再注满麦片苏打。用新鲜树莓点缀。

感谢瑞安·切蒂亚瓦德纳。

夏日曼哈顿

萨泽拉黑麦威士忌 50 毫升（1¾ 盎司）

诺瓦丽·普拉琥珀味美思酒 20 毫升（⅗ 盎司）

费氏兄弟桃味苦精 1—2 注

调和所有材料，以鸡尾酒杯呈现。

感谢德国汉堡狮王酒吧（Le Lion）的马里奥·卡佩斯（Mario Kappes）。

天空岛海浪 >

泰斯卡威士忌 60 毫升（2 盎司）

使用薰衣草、三文鱼和混合香料低温浸泡的淡色干雪莉酒 15 毫升（½ 盎司）

佩肖苦精 2 注

食用大黄味苦精 1 注

以泰斯卡腌制过的三文鱼作为装饰物

将所有材料加冰摇和，滤入鸡尾酒杯。将三文鱼肉放在杯边呈上。

感谢中国台北市玛莎里斯爵士酒馆（Marsalis）的尹德凯（Kae Yin）。他在2012年帝亚吉欧的世界年度调酒师大赛中创作了这款鸡尾酒。

主要参考文献

Baker Jnr, Charles H. *Jigger, Beaker, & Glass*. New York: Derrydale Press, 1992.

Bannerman, John. *The Beatons: A Medical Kindred in the Classical Gaelic Tradition*. Edinburgh: John Donald, 1998.

Bell, Darek. *Alt Whiskeys: Alternative Whiskey Recipes and Distilling Techniques for the Adventurous Distiller*. Nashville: Corsair Artisan Distillery, 2012.

Boece, Hector. *The History and Chronicles of Scotland*. Publisher unknown, 1526 (reprinted Edinburgh: W&C Tait, 1881).

Brown, Jared & Miller, Anistatia. *Spiritous Journey: A History of Drink, Books 1 & 2*. Cheltenham: Mixellany Books, 2010.

Buchan, James. *Capital of the Mind: How Edinburgh Changed the World*. London: John Murray, 2003.

Burt, Capt Edmund. *Letters from a Gentleman in the North of Scotland*. Edinburgh: Ogle Duncan & Co, 1822.

Buxton, Ian. *The Enduring Legacy of Dewar's: A Company History*. Glasgow: Angel's Share, 2009.

Carson, Gerald. *The Social History of Bourbon*. Kentucky: University Press of Kentucky, 2010.

Chambers, Robert. *Traditions of Edinburgh*. Edinburgh: W&R Chambers, 1869.

Chisnall, Edward. *The Spirit of Glasgow: The Story of Teacher's Whisky*. Location unknown: Good Books, 1990.

Cooper, Ambrose. *The Complete Distiller (1757)*. London: Vallient, 1757.

Craddock, H. *The Savoy Cocktail Book*. London: Constable & Co, 1930.

Daiches, David. *A Wee Dram: Drinking Scenes from Scottish Literature*. London: André Deutsch, 1990.

Daiches, David. *Scotch Whisky: Its Past and Present*. London: André Deutsch, 1969.

de Kergommeaux, Davin. *Canadian Whisky: The Portable Expert*. Toronto: McClelland & Stewart, 2012.

Dods, Margaret. *The Cook and Housewife's Manual: A Practical System of Modern Domestic Cookery and Family Management*. Edinburgh: Oliver & Boyd, 1829.

Dornat, C.C. *The Wine and Spirit Merchant's Own Book A Manual for the Manufacturer and a Guide for the Dealer in Wines, Spirits, Liqueurs, Etc.* London: Raginel Domenge, 1855.

Duplais, P & McKennie, M. *A Treatise on the Manufacture and Distillation of Alcoholic Liquors Comprising Accurate and Complete Details in Regard to Alcohol from Wine, Molasses, Beets, Grain, Rice, Potatoes, Sorghum, Asphodel, Fruits, Etc.* Philadelphia: Henry Carey Baird, 1871.

Embury, David A. *The Fine Art of Mixing Drinks*. New York: Doubleday, 1958.

The Filson Historical Society. *The Filson News Magazine Vol.6, No.3*, "19th–Century Distilling Papers at The Filson". Louisville: Kentucky, 2006.

Fouquet, Louis. *Bariana: Receuil Practique des Toutes Boissons Americaines et Anglaises*. Paris: publisher unknown, 1896 (reprinted Cheltenham: Mixellany Books, 2008).

Grant, Elizabeth. *Memoirs of a Highland Lady*. London: John Murray, 1911 (reprinted Hong Kong: Forgotten Books, 2012).

Grimes, William. *Straight Up or On The Rocks: The Story of the American Cocktail*. New York: North Point Press, 2001.

Haigh, Ted. *Vintage Spirit & Forgotten Cocktails*. London: Quarry Books, 2009.

Janson, Charles William. *The Stranger in America*. London: James Cundee, 1807.

Johnson, Harry. *The New and Improved Bartenders' Manual*. New York: I Goldman, 1900, (reprinted Cheltenham: Mixellany Books, 2009).

Johnson, Samuel, & Boswell, James. *Journey to the Hebrides: A Journey to the Western Islands of Scotland & the Journal of a Tour to the Hebrides*. London: Canongate, 1996.

Lacour, Pierre. *The Manufacture of Liquors, Wines and Cordials Without the Aid of Distillation*. New York: Dick & Fitzgerald, 1853.

MacDonald, Aeneas. *Whisky*. New York: Duffield & Green, 1934.

MacLean, Charles. *Scotch Whisky: A Liquid History*. London, Cassell, 2003.

Martin, Martin. *A Description of the Western Islands of Scotland*. London: Andrew Bell, 1703.

McNeill, F Marian. *The Scots Cellar: Its Traditions and Lore*. Edinburgh: Reprographia, 1973.

Moran, Bruce T. *Distilling Knowledge: Alchemy, Chemistry and the Scientific Revolution*. Massachusetts: Harvard University Press, 2005.

Morewood, Samuel. *A Philosophical and Statistical History of the Inventions and Customs of Ancient and Modern Nations in the Manufacture and Use of Inebriating Liquors*. Dublin: W. Curry Jun. and W. Carson, 1838.

Morrice, Philip. *The Schweppes Guide to Scotch*. Sherborne: Alphabooks, 1983.

Moryson, Fynes. *An Itinerary Containing His Ten Yeeres Travell through the Twelve Dominions of Germany, Bohmerland, Sweitzerland, Netherland, Denmarke, Poland, Italy, Turky, France, England, Scotland & Ireland*. Glasgow: James MacLehose & Sons, 1907.

Moss, Michael S & Hume John R. *The Making of Scotch Whisky A History of the Scotch Whisky Distilling Industry*. Edinburgh: James & James, 1981.

Mulryan, Peter. *The Whiskies of Ireland*. Dublin: O' Brien Press Ltd, 2002.

O'Neil, Darcy. *Fix The Pumps*. Ontario: Art of Drink, 2010.

Odell, D. *Mixing It Up, A Look at the Evolution of the Siphon-Bottle*. Location unknown: Digger Odell Publication, 2004.

Pacult, F Paul. *A Double Scotch How Chivas Regal and The Glenlivet Became Global Icons*. New Jersey: John Wiley & Sons, 2005.

Pennant, Thomas. *A Tour in Scotland and Voyage to the Hebrides, 1772*. London: Benjamin White, 1776.

Regan, Gary & Mardee. *The Book of Bourbon and Other Fine American Whiskeys*. Vermont: Chapters Publishing Ltd, 1995.

Regan, Gary. *The Joy of Mixology: The Consummate Guide to the Bartender's Craft*. New York: Clarkson Potter, 2003.

Schmidt, William. *The Flowing Bowl: What and When to Drink*. New York: Charles L Webster, 1891 (reprinted New York: Mud Puddle Inc, 2010).

Sinclair, Andrew. *Prohibition: the Era of Excess*. London: Little, Brown, 1962.

Smout, T.C. *A Century of the Scottish People 1830-1950*. London: Fontana, 1990.

Sulz, Charles Herman. *A Treatise on Beverages, or The Complete Practical Bottler*. New York: Dick Fitzgerald, 1888.

Tarling, William J. *Café Royal Cocktail Book*. London: United Kingdom Bartenders Guild, 1937 (reprinted Cheltenham: Mixellany Books, 2008).

Thomas, Jerry. *Bartenders Guide, or How to Mix Drinks*. New York: Dick & Fitzgerald, 1862 (reprinted Paris: Vintagebook, 2001).

Thorndike, Lynne. *History of Magic and Experimental Science, Vol IV* (chapter on Michael Scot). New York: Columbia University Press, 1934 (reprinted Montana: Kessinger Publishing, 2009).

Tovey, Charles. *British & Foreign Spirits: Their History, Manufacture, Properties, Etc.* London: Whitaker & Co, 1864.

Wilson, C. Ane. *Water of Life: A History of Wine-distilling and Spirits 500 BC to AD 2000*. Devon: Prospect Books, 2006.

Wilson, John. *Noctes Ambrosianae, Vol III*. New York: WJ Widdelton, 1863.

Wondrich, David. *Punch: The Delights (and Dangers) of the Flowing Bowl*. New York: Perigee, 2010.

索引

致谢

图片出处说明

Mitchell Beazley would like to acknowledge and thank all those whisky companies and their associates who have kindly provided images for this book.

Cocktail photographs are by Cristian Barnett for Octopus Publishing.

Additional photographs:

Alamy David Hancock 65; David Lyons 58; Hemis 47, 52; Heritage Image Partnership 25; Ilian food & drink 84; Squib 60

The Art Archive Eileen Tweedy 13

Bridgeman Art Library Science Museum, London 18

Cephas Mick Rock 48

Courtesy **Chivas Brothers** 29, 68

Corbis Ocean 62

Courtesy **Cutty Sark International** 8

Courtesy **The Edinburgh Whisky Stramash** www.thewhiskystramash.com 7

Courtesy **Edrington**, photo Peter Sandground 57

Courtesy **Fever-Tree** www.fever-tree.com 63, 64

Getty Images Aaron Ontiveroz 2; AFP 6, 11, 41; Bloomberg via Getty Images 4, 49; Gary Latham/Britain on View 12; Margaret Bourke-White/Time & Life 36; Monty Rakusen 42; Siân Irvine 182; The Washington Post 59, 184

Library of Congress 35; **Mary Evans Picture Library** 17, 31

Press Association Images Danny Lawson/PA Archive 51

Courtesy **Savoy Group Archives** 37

Shutterstock Jaime Pharr 43; Aleix Ventayol Farrés 54

Thinkstock iStockphoto 45

TopFoto City of London/HIP 22

The University of Aberdeen 14

Courtesy **Vita Coco** www.vitacoco.co.uk 67

Courtesy **The Whiskey Ice Co** www.whiskey-ice.com 61

To my fellow usquebaugh-imbibing heretic, Ryan Cheti, for sparing his time and technical knowledge to help me explore some of the more recherché areas of whisky history and for creating all the drinks for the cocktail shoot. This book would not have been possible without him.

Thanks to everyone who contributed samples. Special thanks to Stephen Marshall, Jason Craig, John Glaser, and Chris Maybin, for more whisky than I could have possibly imagined, and to Charles Rolls and Tim Warrilow at Fever Tree, for the marvellous magical mixers, without which this book wouldn't exist.

To Jim Beveridge, Maureen Robinson, Gordon Motion, Kirsteen Campbell, Brian Kinsman, and Shinji Fukuyo, for showing me the world and mind of the blender.

To Jonathan Driver and Stuart Kirby, for a memorably game-changing night in Rio. David Croll, for many long evenings scouring Japan for the perfect drink. John Hansell, Amy Westlake, Lew Bryson, and all on *Whisky Advocate*, for New York immersion.

To friends, for their ears as I babbled semi-coherently about various theories: Jared and Anistatia, for their endless enthusiasm and for always being a fantastic sounding board; Iain Russell and Nick Morgan, for sober(ish) historical perspective; Davin de Kergommeux, for his knowledge of Canadian whisky; Dave Wondrich, Gaz Regan, Bum, and Annene, and other fathomers of the bowl. Marcin Miller, Neil Ridley, Joel Harrison, Gavin Smith, Olly Wehring, Johnny Ray, Tim Forbes, Rob Allanson: you know what you are.

To all the battle-scared survivors of Tales of the Cocktail, especially Tris Stephenson, Andy Gemmell, Stu McCluskey, Tom Walker, Jason Scott, Anette Moldvaer, Georgie Bell, Nick Strangeway, Keshav Prakash, and Sophie Decobecq. Music upstairs... always.

To the World Masterclass team, Tim, Dale, Fasie, Chief, and Two-Mile, for unforgettable road trips.

To Mark Ridgwell, for his passion for education – which has allowed me to form various mad theories in the guise of teaching – and to those victims who had to listen to them; and to Sukhinder Singh, Thierry Benitah, and the whisky chicks in South Africa, for allowing me to do the same.

To all involved in the Malt Advocates Course, the greatest whisky "university" in the world, which teaches me something new every time I attend.

To the Malt Maniacs, for keeping the flame burning and doing it with such good humour and passion; to Serge Valentin and Michel van Meersbergen, for maintaining a weekly flow of out-there jazz.

To the countless barkeeps who have poured me a drink over the years, but especially to Nick Strangeway, who has always been there, and Takayuki Suzuki, the Zen master of cocktails and a dear and true friend who always knows when I should be in bed. To Angus and Kae in Taipei City, who opened up a new world of whisky culture for me, and Naren Young, for Manhattans on tap.

A massive thank you to Denise Bates at Octopus, who has been the calmest and most helpful of editors; to Hils, Leanne, and Juliette – the A-Team is back together! – and to Cristian Barnett, for his amazing cocktail images.

To my agent, Tom Williams, for assistance beyond the call of duty and the calm voice of reason at times of despair.

Lastly to my wife, Jo, for not only coping (again) with the madness of book-writing, but for her palate, patience, and immense help in co-ordinating the tsumani of whisky that arrived on our doorstep; and to our daughter, Rosie, who knew when to give me a hug and when to roll her eyes.